W0264367

ISBN 978-3-662-23856-1   ISBN 978-3-662-25959-7 (eBook)
DOI 10.1007/978-3-662-25959-7

Die in den Sitzungsberichten Abtlg. I und Abtlg. II der math.-nat. Klasse der Österr. Ak. d. Wiss. erscheinenden Abhandlungen werden auch einzeln abgegeben. Sie können durch jede Buchhandlung oder direkt durch die Auslieferungsstelle der Österreichischen Akademie der Wissenschaften (1010 Wien, Mölkerbastei 5) bezogen werden.

Nachfolgende Abhandlungen aus dem Fach der **Zoologie** sind erschienen:

1962 (S I Bd. 171):

Beier Max, Zoologische Studien in West-Griechenland. X. Teil. Walter Klemm, Die Gehäuse-schnecken (mit 1 Kartenskizze, 2 Abbildungen und 4 Tafeln) 171 — 7, S 55. —

Schedl Wolfgang, Ein Beitrag zur Kenntnis der Pilzübertragungsweise bei xylomycetophagen Scolytiden (Coleoptera) (mit 16 Abbildungen) 171 — 19, S 39. —

1963 (S I Bd. 172):

Friese Gerit, Zoologische Ergebnisse der Mazedonienreise Friedrich Kasys, IV. Teil. Lepidoptera: Argyresthide (mit 5 Abbildungen). Smn 172 — 27. S 20. —

Jedlicka Arnost, Die Ergebnisse der Österreichischen Iran-Expedition 1949/50. Coleoptera, VIII. Teil. Neue Arten aus der Familie Carabidae (mit 9 Textabbildungen). Smn 172 — 5. S 20. —

Kaltenbach Alfred, Milieufeuchtigkeit, Standortsbeziehungen und ökologische Valenz bei Orthopteren im pannonischen Raum Österreichs (mit 2 Textabbildungen). Smn 172 — 3. S 25. —

Löffler Heinz, Beiträge zur Fauna Austriaca. I. Die Ostrakodenfauna Österreichs (mit 1 Textabbildung und 3 Tafeln). Smn 172 — 7. S 32. —

Scheerpelz Otto, Ergebnisse der von Wilhelm Kühnelt nach Griechenland unternommenen zoologischen Studienreisen. I. (Coleoptera-Staphylinidae) (mit 2 Textabbildungen). Smn 172 — 28. S 44. —

1964 (S I Bd. 173):

Abd-el-Hamid M. E., Über das Auge und die Statocyste von 5 ägyptischen Landpulmonaten. Smn 173 — 11. S 20. —

1965 (S I Bd. 174):

Abd-el-Hamid M. E., Neue und bekannte ägyptische Hornmilben (Acari: Oribatei) der Aufsammlung von Wilhelm Kühnelt. 1956 (mit 10 Figuren). Smn 174 — 6. S 32. —

Abd-el-Hamid M. E., Anachipteria aegyptiaca n. sp.: Eine neue Art der Gattung Anachipteria Grandjean, 1932, aus Ägypten. (Acari: Oribatei) (mit 16 Figuren). Smn 174 — 7. S 22. —

Dobroruka L. J., Ein Beitrag zur Landtierwelt von Korfu (mit 4 Abbildungen). Smn 174 — 29. S 34. —

Eiselt Josef, Revision und Neubeschreibungen weiterer siphomostomer Cyclopoiden (Copepoda, Crust.) aus der Antarktis (mit 8 Tafeln). Smn 174 — 12. S 44. —

Kühnelt Wilhelm, Nahrungsbeziehungen innerhalb der Tierwelt der Namibwüste (Südwestafrika) (mit 1 Tafel und 1 Falttabelle). Smn 174 — 16. S 24. —

Pesta O., Zur Kenntnis des Verhaltens der Bakteriengruppe im Hochgebirge (mit 1 Tabelle). Smn 174 — 28. S 30. —

Piffl Eduard, Eine neue Diagnose für die Familie der Eremaeidae (Oribatei-Acari) nach zwei neuen Arten aus dem Karakorum (mit 46 Abbildungen auf Tafel 1 — 16). Smn 174 — 27. S 88. —

Priesner Hermann, Zur Kenntnis der Pompiliden Griechenlands. Smn 174 — 8. S 26. —

Starmühlner Ferdinand, Ein weiterer Beitrag zur Wassermolluskenfauna des Iran. Smn 174 — 14. S 24. —

Ein weiterer Beitrag zur Süßwasser- und Landasselfauna Korfus

Mit einem Anhang: Eine neue Asellus coxalis-Subspezies von Zante

(Zugleich 32. Beitrag zur Isopodenfauna der Balkanhalbinsel)

Von korr. Mitglied HANS STROUHAL, Wien
(Naturhistorisches Museum)

Mit 33 Abbildungen auf 6 Tafeln und einer Tabelle

(Vorgelegt in der Sitzung am 11. November 1966)

Der Wiener Naturalienhändler JOSEF ERBER war nachweislich der erste, der auf Korfu aus wissenschaftlichem Interesse Landasseln gesammelt hat. 1866 und 1867 unternahm er zwei Sammelreisen nach den griechischen Inseln und suchte jedesmal auch Korfu auf. In Sitzungen der Zoologisch-Botanischen Gesellschaft in Wien hat er wiederholt über diese Reisen berichtet, 1867 (p. 856) kurz auch über die von ihm erbeuteten Isopoden, deren Determinierung der damalige Innsbrucker Universitätsprofessor Dr. VICTOR VON EBNER besorgte. ERBER führte nur die Namen von drei Arten an, ohne auch ihren Fundort anzugeben. Lediglich von einer, *Armadillo tuberculatus*, von der Insel Tinos stammend, erfolgte erst 1876 (p. 501, t. 11, f. 1) durch CAJETAN VON VOGL, Professor an der Staatsrealschule in Imst, Tirol, die Veröffentlichung ihrer Beschreibung.

C. v. VOGL beschrieb auch zwei Isopoden-Arten von Korfu, nannte aber nicht auch den Sammler: *Armadillidium granulatum* (BRANDT) (p. 509, t. 11, f. 3), das nach seiner Beschreibung und Abbildung jedoch ein *A. pallasii frontirostre* B.-L.[1] ist, und *Armadillidium astriger* KOCH (p. 513, t. 12, f. 5), bei dem es sich zweifellos um das erst 1901 (p. 37) von VERHOEFF beschriebene *A. albanicum* handelt. Ein in der Sammlung des Wiener Museums befindliches, angeblich auf Tinos erbeutetes *A. albanicum* (STROUHAL 1927, p. 15) hat wahrscheinlich ERBER von Korfu mitgebracht (STROUHAL 1928a, p. 196). Die von ERBER zusammengetragenen Asseln gelangten zuerst in die Sammlung des bekannten Myriopodologen Dr. ROBERT LATZEL, der zuletzt als Schulrat und Gymnasialdirektor in Klagenfurt wirkte. Von ihm erwarb sie 1894, zusammen mit Landisopoden anderer Vorkommen, das Naturhistorische Museum in Wien (Akquisitions-Nummer 1894. II.). Unter ihnen befand sich (Akqu.-Nr. 1894. II. 1) auch *Armadillo officinalis* DUM. von Korfu (STROUHAL 1929a, p. 113).

---

[1] Die das erste Mal auf Korfu festgestellten Arten sind mit einem * bezeichnet.

1896 (p. 585, 586) wurden durch Adrien Dollfus vier weitere Arten von
Korfu bekanntgemacht: *Philoscia* (jetzt **Chaetophiloscia*) *elongata* Dollf., **Porcellio laevis* Latr., **Porcellio obsoletus* B.-L. und unter dem Namen *Armadillidium
klugii* vermutlich das 1927 (p. 19) beschriebene **A. werneri* Strouh.

Im Frühjahr 1899 reiste Karl W. Verhoeff zum erstenmal nach Griechenland. Sein besonderes Interesse galt u. a. den Landisopoden Korfus, von denen er
eine artenreiche Aufsammlung mitbrachte. 1900 (p. 171—174) gab er eine Schil-
derung der allgemeinen Naturverhältnisse der Insel. Die Ergebnisse der Sammel-
reise, soweit sie die Landasseln von Korfu betreffen, veröffentlichte Verhoeff
1901 in seinem 3., 4., 5. und 7., 1908 im 12. und 1918 im 24. Isopoden-Aufsatz.
Die Ausbeute bestand aus 10 für Korfu neuen Arten, davon 5 novae species, eine
nova subspecies und eine nova aberratio, und 2 von dort bereits gemeldeten
Arten, von denen eine jedoch nachträglich als nova species erkannt wurde; von
der anderen wurde eine neue Färbungsform beschrieben; zwei als neu beschriebene
Arten erwiesen sich später als identisch:

> **Trichoniscus corcyraeus* nov. spec.,
> *Philoscia elongata* var. *palustris* nov. var. = *Chaetophiloscia elongata* ab.
> *palustris*,
> *Porcellio Rathkei Phaeacorum* nov. subspec. = **Trachelipus camerani
> phaeacorum*,
> *Leptotrichus (Agabiformius) corcyraeus* nov. spec. = **Agabiformius lentus*,
> *Metoponorthus pruinosus corcyraeus* nov. subspec. = **Metoponorthus
> pruinosus* var. *meleagris* ab. *corcyraeus*,
> *Porcellio laevis Achilleionensis* nov. subspec. = **Porcellio achilleionensis*,
> *Armadillidium albanicum* nov. spec.,
> **Armadillidium bicurvatum* nov. spec.,
> **Armadillidium corcyraeum* nov. spec.,
> **Armadillidium frontetriangulum* nov. spec.,
> *Armadillidium granulatum* var. *naupliensis* nov. var. = **Armadillidium
> granulatum morbillosum*,
> *Armadillidium odysseum* nov. spec. = *Armadillidium corcyraeum*.

Zu diesen gesellte sich dann noch die 1918 im 24. Isopoden-Aufsatz für
Korfu angegebene, für die Insel neue Spezies *Orthometopon dalmatinus* (genuinus) =
**Orthometopon dalmatinum dalmatinum*, die Verhoeff bereits 1901 aus Dalmatien
als *Metoponorthus dalmatinus* nov. spec. beschrieben hat.

Damit hat durch Verhoeff das Wissen um die Landasselfauna der Insel
Korfu eine ganz wesentliche Bereicherung erfahren. Doch sind verschiedene der
bisher von Korfu bekanntgewordenen Arten schon vorher von Forschern auf der
Insel gesammelt worden, über die aber erst viel später berichtet wurde. So sammelte
bereits 1885 der Naturalist und spätere große Koleopterologe Edmund Reitter,
damals Mödling bei Wien, auf Korfu *Chaetophiloscia elongata*, *Trachelipus camerani
phaeacorum* (Strouhal 1929a, p. 66, 89) und ein *Armadillidium*, das sich als
**A. humectum* herausstellte (Strouhal 1956, p. 607), welche Art M. Beier 1929
auf Levkas aufgefunden hat und die 1936 auch auf Zante festgestellt wurde
(Strouhal 1936c, p. 101, 1937b, p. 57, 1939b, p. 184).

Ferner besitzt das Wiener Museum folgende, von dem damaligen Professor
der Lehrerbildungsanstalt in Bielitz Alfred Hetschko im Jahre 1889 auf Korfu
gesammelte Arten: *Armadillidium corcyraeum*, das zuerst (Strouhal 1927, p. 25)
zu *A. odysseum* Verhoeff (1901c, p. 138) gestellt wurde, doch bald darauf (Strouhal 1928b, p. 796) als eine mit dem schon früher von Verhoeff (1901b, p. 68)

beschriebenen *A. corcyraeum* identische Art erkannt wurde, *Metoponorthus pruinosus* var. *meleagris, Porcellio laevis, Porcellio obsoletus* und **Armadillidium vulgare*. Über diese Arten, von denen *A. vulgare* von Korfu zum erstenmal gemeldet wurde, hat der Verfasser dieses 1929 berichtet (1929a, p. 68, 73, 80, 109).

Der Wiener Universitätsprofessor Dr. Franz Werner sammelte 1894 im ionischen Gebiet und brachte *A. corcyraeum* von Levkas und Kephalonia mit (Strouhal 1927, p. 25, sub *A. odysseum*). Ein von ihm angeblich auf Kephalonia in zahlreichen Stücken aufgefundenes *Armadillidium* wurde als *werneri* nov. spec., eine dunkle Form desselben als ab. *obscurum* nov. ab. beschrieben (Strouhal 1927, p. 19, 20). Da diese Art seither auf Kephalonia nicht wieder aufgefunden wurde, sich aber dafür als häufig auf Korfu gezeigt hat, liegt möglicherweise eine Verwechslung von Fundortszetteln durch Werner vor.

Dr. Karl Toldt (jun.), Kustos der Säugetiersammlung des Naturhistorischen Museums in Wien, nahm 1911 an einer von der Wiener Universität veranstalteten Reise nach Griechenland teil, auf der er sich dem Sammeln von Kleintieren widmete. Auf Korfu erbeutete er drei von dort bereits vorliegende Landasselarten (Strouhal 1929a, p. 66, 68, 105).

1926 unternahm Prof. Dr. Max Beier, Direktor der Zoologischen Abteilung des Wiener Museums, damals noch cand. phil., seine erste Griechenlandreise, die ihn auch nach Korfu führte, wo er einige, ebenfalls bereits von dieser Insel bekannte Landisopoden zusammentrug (Strouhal 1927, 1929a).

Auf seiner nächsten, im Frühjahr 1929 unternommenen Reise nach Griechenland kam M. Beier wieder in das ionische Gebiet und auch auf die Insel Korfu. Die diesmal dort gemachte Ausbeute an Isopoden bestand aus einer Süßwasserassel, **Asellus (Proasellus) coxalis corcyraeus* nov. subspec. und 16 Landisopoden-Arten, unter denen sich eine neue Gattung, *Graeconiscus* (Strouhal 1940, p. 15, 18), zwei neue Arten, **Graeconiscus tricornis* (Strouhal 1936a, p. 156, und 1936c, p. 72, sub *Cyphoniscellus [Calconiscellus]*) und **Armadillidium simile* (Strouhal 1936c, p. 100, 1937b, p. 52), eine neue Färbungsform, *Porcellio achilleionensis* ab. *flavomarginatus* (Strouhal 1936a, p. 162, c, p. 77), und eine für Korfu neue Art, **Trichoniscus matulicii*, der zuerst als solcher nicht erkannt und zu *T. corcyraeus* gestellt wurde (Strouhal 1936a, p. 154, c, p. 68), befanden.

Noch ein drittes Mal suchte M. Beier Korfu auf, anläßlich seiner Reise nach dem Epirus im Jahre 1932. An zwei Tagen wurden sieben Arten gesammelt, darunter der für Korfu neue **Trachelipus palustris* in der neuen, auch im Epirus vorkommenden Subspezies *epirensis* (Strouhal 1942, p. 147, 1954, p. 577).

Im April des Jahres 1960 hielt sich Dr. Bernd Hauser, Assistent am Zoologischen Institut der Universität in Innsbruck, einige Tage auf Korfu auf und trug dort im Norden der Insel eine kleine, aber artenreiche Kollektion von Landasseln zusammen. Von den 25 jetzt von Korfu bekannten terrestren Isopodenarten hat er 19 erbeutet, darunter eine neue Art, **Graeconiscus paxi*, deren Beschreibung noch 1960 erfolgte, dann eine für Korfu neue Art, **Porcellio lamellatus sphinx* f. *sphinx* Verh. und eine neue Färbungsform einer auf Korfu schon festgestellten Art, *Armadillidium frontetriangulum* ab. *confluens*.

Der vorliegende Aufsatz befaßt sich vor allem mit dieser Aufsammlung, deren Bearbeitung auch zur Feststellung wesentlicher Ergänzungen der Charakteristik einiger Spezies führte.

Besonders seien zwei Örtlichkeiten erwähnt, an denen B. Hauser mehrere Arten, die von größerem Interesse sind, gesammelt hat:

1. Eine am Nordabhang des Pantokratorgebirges, gegen Kassiopi zu in ca. 500 m M.-H. gelegene Höhle, deren innerster Teil etwa 20 cm tief mit Wasser erfüllt war und auf den ein ungefähr 2 m breiter, von der Höhlendecke her ständig betropfter Streifen folgte, wo sich unter Steinen die Asseln vorfanden. Nächst dem Höhleneingang ist der Boden mit Schafmist bedeckt. In dieser Höhle konnten

Tabelle. Die *Asellota*- und *Oniscoidea*-Arten der Insel Korfu und ihre Verbreitung.

Spezies bzw. Subspezies	Korfu	Levkas	Meganisi	Kalamos	Kephalonia	Zante	Peluso	Albanien	NW-Griechenland	W-Peloponnes	Süditalien u. Sizilien	W-Mittelgriechenland	Dalmatien	Verbreitung
Asellus (Proasellus) coxalis corcyraeus Strouh.	+	[2]			[3]	[4]			[5]		[6]		[7]	endemisch
Trichoniscus matulicii Verh.	+							?			+		+	transadriatisch
T. corcyraeus Verh.	+													endemisch
Graeconiscus tricornis Strouh.	+													endemisch
G. paxi Strouh.	+													endemisch
Chaetophiloscia elongata Dollf.	+[8]	+		+	+	+		+	+		+			mediterran
Orthometopon dalmatinum dalmatinum Verh.	+	[9]			[9]	[9]		+	+	+	[10]	?	+	westbalkanisch
Trachelipus (T.) camerani phaeacorum Verh.	+	+						+	+					nordwestgriechisch, albanisch-ionisch
T. (T.) palustris epirensis Strouh.	+									+	[11]			nordwestgriechisch, nordionisch
Metoponorthus (M.) pruinosus pruinosus Brdt.	+[12]	+	+	+	+	+	+	+	+	+	+	+	+	kosmopolitisch, ursprüngl. mediterran
Agabiformius lentus B.-L.	+	?			?	+					+		+	ostmedit. Ursprungs, weltweit verschleppt
Porcellio laevis Latr.	+[13]	+	+		+	+		+	+	+	+	+		kosmopolitisch, ursprünglich nordafrikanisch
P. achilleionensis Verh.	+[14]													ionisch

	1	2	3	4	5	6	7	8	9	10	11	12	13	
P. obsoletus B.-L. (s. str.)	+	+			+				+	+		+		ostmediterran
P. lamellatus sphinx VERH. (f. *sphinx*)	+					+	+				+		+	ostatlantisch, pontomediterran
Armadillidium pallasii frontirostre B.-L.	+													adriatisch
A. albanicum VERH.	+							+					+	südwestbalkanisch
A. werneri STROUH.	+[15]													endemisch, ? ionisch
A. granulatum morbillosum C. KOCH	+	+			+			+	+					westbalkanisch
A. corcyraeum VERH.	+	+			+	+								ionisch
A. simile STROUH.	+													endemisch
A. bicurvatum VERH.	+							+	+					nordwestgriechisch, nordionisch
A. vulgare LATR.	+	+				+		+	+	+	+	+	+	kosmopolitisch, ursprünglich ostmediterran
A. humectum STROUH.	+	+				+		+						ionisch
A. frontetriangulum frontetriangulum VERH.	+[16]				+				17					ionisch
Armadillo officinalis DUM.	+				+						+	+		zirkummediterran, nordwestvorderasiatisch

[2] *A. (P.) c. leucadius* STROUH.
[3] *A. (P.) c. cephallenus* STROUH.
[4] *A. (P.) c. versluysi* nov. subspec.
[5] *A. (P.) c. epiroticus* STROUH.
[6] *A. (P.) c. italicus* DUD., *c. dudichi* STROUH., *c. wolfii* DUD.
[7] *A. (P.) c.* ?subspec. (KARAMAN 1950), *c. lucifugus* DEELEMAN-REINHOLD.
[8] nebst ab. *palustris* VERH.
[9] *O. d. jonicum* STROUH.

[10] *O. d. frascatense* VERH.
[11] *T. palustris* s. str.
[12] var. *pruinosus* BRDT. und var. *meleagris* B.-L., ab. *corcyraeus* VERH. und ab. *marginatus* STROUH.
[13] var. *laevis* LATR. und var. *vesaniae* VERH.
[14] nebst ab. *flavomarginatus* STROUH.
[15] nebst ab. *obscurum* STROUH.
[16] nebst ab. *confluens* STROUH.
[17] *A. f. continuatum* VERH.

nachgewiesen werden: *Trichoniscus matulicii*, jedoch nur in der pigmentierten
Form, die neue Höckerassel *Graeconiscus paxi*, beide Arten keine echten Höhlen-
tiere, wohl aber ausgesprochen feuchtigkeitsbedürftig und troglophil, und *Armadillidium vulgare*. *T. matulicii*, jetzt einwandfrei für Korfu nachgewiesen, ist ein
in Höhlen der nördlichen Balkanhalbinsel häufig auftretendes Tier. Auch die
Höckerasseln halten sich mit Vorliebe in Höhlen auf, manche kennt man nur aus
Höhlen. *Graeconiscus xerovunensis* STROUH. wurde in einer Höhle bei Platanusa,
Epirus, entdeckt und *G. tricornis* aus kleinen Felsschluchten bei Gasturi, Korfu,
von M. BEIER gesiebt.

2. Eine in der Nähe der Höhle am Nordabhang des Pantokratorgebirges
in ca. 400 m M.-H. befindliche, dolinenartige, ziemlich feuchte Halbhöhle. Hier
wurde eine artenreiche Gesellschaft von Landasseln angetroffen: *Trichoniscus
matulicii, Trachelipus camerani phaeacorum, Porcellio laevis* und die *Armadillidium*-
Arten *corcyraeum, bicurvatum, vulgare* und *frontetriangulum*.

Vervollständigt wird die im folgenden gebrachte Faunenliste durch die
Berücksichtigung auch der einzigen von Korfu bekannten Süßwasserassel *Asellus
(Proasellus) coxalis corcyraeus* STROUH., die M. BEIER 1929 entdeckte und von der
das Naturhistorische Museum in Wien 1935 einige im selben Jahr gesammelte
Stücke von Dr. STEPHANIDES erhielt.

Abgesehen von der einen Süßwasserassel sind bis jetzt 25
Arten bzw. Unterarten von terrestren Isopoden auf Korfu festgestellt worden (vgl. die Tabelle auf S. 260 und 261), die 10 Gat-
tungen angehören. Am artenreichsten ist *Armadillidium* mit
10 Spezies; von *Porcellio* kommen 4 Arten vor; je 2 Arten gehören
Trichoniscus, Graeconiscus und *Trachelipus* an und durch nur eine
Spezies sind die Genera *Chaetophiloscia, Orthometopon, Metoponorthus, Agabiformius* und *Armadillo* vertreten. Es bestehen
berechtigte Gründe zur Annahme, daß die Süßwasser- und Landisopodenfauna der Insel Korfu derzeit noch nicht zur Gänze
bekannt ist und daß also manche vor allem der auf dem benachbarten Festlande und auf den anderen Ionischen Inseln nachgewiesenen Arten auch noch auf Korfu vorkommen.

Von den 26 Isopoden-Arten und -Unterarten sind fünf Ende-
miten: *Asellus coxalis corcyraeus, Trichoniscus corcyraeus*, die
beiden *Graeconiscus*-Arten *tricornis* und *paxi* und *Armadillidium
simile*. Doch besteht die Möglichkeit, daß das *Armadillidium* auch
noch woanders im ionischen Gebiet vorkommt, während umgekehrt
Armadillidium werneri vermutlich nicht auf Kephalonia lebt, von
wo es zuerst angegeben wurde. 5 Arten sind auf das Gebiet des
Ionischen Meeres beschränkt: *Porcellio achilleionensis* und die
Armadillidium-Arten *corcyraeum, humectum, frontetriangulum* s. str.
und das vorhin erwähnte *werneri*. *Trachelipus palustris epirensis*
und *Armadillidium bicurvatum* sind nordwestgriechisch-nord-
ionisch, *Trachelipus camerani phaeacorum* ist nordwestgriechisch-
albanisch-ionisch, *Armadillidium albanicum* südwestbalkanisch,

Orthometopon dalmatinum dalmatinum und *Armadillidium granulatum morbillosum* sind westbalkanisch, *Armadillidium pallasii frontirostre* ist adriatisch. Von besonderem Interesse ist der transadriatische *Trichoniscus matulicii*, der im adriatischen Gebiet einerseits von der Südherzegowina bis Korfu, anderseits in Süditalien vorkommt.

Die restlichen Arten Korfus haben eine weitere Verbreitung: ostmediterran ist *Porcellio obsoletus*, ursprünglich mediterran ist *Chaetophiloscia elongata*, doch geht sie im Osten über das Mediterrangebiet hinaus. Zirkummediterran-nordwestvorderasiatisch ist *Armadillo officinalis*, ostatlantisch-pontomediterran ist *Porcellio lamellatus sphinx*.

Die ursprünglich ostmediterranen Arten *Agabiformius lentus* und *Armadillidium vulgare*, der mediterrane *Metoponorthus pruinosus* und der ursprünglich nordafrikanische *Porcellio laevis* sind heute weltweit verbreitet; lediglich die var. *meleagris* von *Metoponorthus pruinosus* blieb auf das Mediterrangebiet beschränkt.

Bemerkenswert ist noch, daß abgesehen von dem Kosmopoliten *vulgare* alle übrigen 9 *Armadillidium*-Arten eine mehr oder weniger beschränkte Verbreitung zeigen.

Längen- und Breitenangaben erfolgen in mm; lg. = lang, br. = breit.

Bemerkungen zu den einzelnen Arten

Subordo **Asellota** LATREILLE, 1806

Superfam. ASELLOIDEA

Fam. Asellidae

Genus *Asellus* GEOFFROY ST. HILLAIRE, 1764

1951 *A.*, BIRSTEIN in: Fauna SSSR, Rakoobr., v. 7, nr. 5, p. 51. — 1964 *A.*, BIRSTEIN in: Fauna U.S.S.R., Crust., v. 7, nr. 5, p. 47.

Subgenus *Proasellus* DUDICH, 1925

1925 *Asellus* (*P.*), DUDICH in: Ann. Mus. Hungar., v. 22, p. 300. — 1942 *Asellus* (*P.*), ARCANGELI in: Boll. Mus. Torino, v. 49 (1941/1942), p. 175. — 1951 *Asellus* (*P.*), BIRSTEIN in: Fauna SSSR, Rakoobr., v. 7, nr. 5, p. 54, 81. — 1964 *Asellus* (*P.*), BIRSTEIN in: Fauna U. S. S. R., Crust., v. 7, nr. 5, p. 50, 78.

Asellus (Proasellus) coxalis corcyraeus STROUHAL, 1942 (Abb. 1)

1942 *A.* (*P.*) c. c., STROUHAL in: Zool. Anz., v. 138, p. 155, 158. — 1942 *A.* (*P.*) c. c., ARCANGELI in: Boll. Mus. Torino, v. 49 (1941/42), p. 187. — 1951 *A.* (*P.*) *italicus c.*, BIRSTEIN in: Fauna SSSR, Rakoobr., v. 7, nr. 5, p. 104. — 1954 *A.* (*P.*)

c. c., Strouhal in: SB. Österr. Ak., math.-naturw. Kl., *v.* 163 I, p. 34, f. 20—22. —
1964 *A. (P.) italicus c.*, Birstein in: Fauna U.S.S.R., Crust., *v.* 7, nr. 5, p. 104.

Untersucht wurden die 1935 von Dr. Stephanides gesammelten, noch nicht adulten Männchen (6,7 und 7,2 lg.) und ein halbwüchsiges Weibchen (4,3 lg.).

Männchen. Antennulengeißel zehngliedrig, 8.—10. Glied mit je einem Sinnesstäbchen. Geißel der Antennen 47- bis 55gliedrig. 5 bzw. 6 Frenulum-Häkchen an den Maxillarfüßen.

1. Pleopoden-Protopodit (Abb. 1) mit einem Frenulum-Haken; an der distalen Außenecke und am äußeren Teil des Hinterrandes 4 bzw. 5 Borsten. 1. Pleopoden-Exopodit (der der rechten Seite durch eine winklige Einbuchtung am hinteren Außenrande deformiert) nicht ganz doppelt so breit wie lang, am Außenrande mit 11 einfachen, kürzeren, am Außen- und Hinterrande mit 9 (links) bzw. 10 (rechts) längeren, gefiederten Borsten. An der Ventralseite in der basalen, breit abgerundeten und etwas vorgezogenen Innenecke eine Borste, innen vom basalen Längsmuskel eine Borste und in der distalen Innenecke des rechten Exopoditen nur eine kräftige Borste, des linken Exopoditen jederseits der kräftigen Borste eine kleinere und vor ihr eine weitere Borste.

Von den ionischen *coxalis*-Subspezies haben *corcyraeus* und *epiroticus* am 1. Pleopoden-Exopoditen des Männchens die kleinste Zahl der inneren submarginalen Borsten, so daß es nicht zur Bildung einer Borstenreihe kommt; sie erinnern dadurch an *coxalis* s. str.

2. Glied der 2. Pleopoden-Exopoditen am Außenrande mit 5—8 einfachen, kurzen Borsten und 6—7 distalen Fiederborsten. Am Außenrande des 1. Gliedes der 3. Pleopoden-Exopoditen 13 Borsten.

Weibchen. Antennulengeißel sechsgliedrig, auf den drei letzten Gliedern je ein Aesthetask. Antennengeißel 36- bzw. 43-gliedrig.

2. Pleopoden am hinteren Außenrande mit 11 Fiederborsten, am Innenrande, zwischen 1. und 2. Viertel der Länge, ein Börstchen; vor dem Hinterende ohne Borste. 1. Glied der 3. Pleopoden-Exopoditen am Außenrande mit 9 Borsten.

Die vorliegenden Stücke fügen sich im großen und ganzen in das 1942 (p. 154—155) gebrachte Schema für *corcyraeus* ein, lediglich beim jüngeren Männchen fand sich eine etwas größere Zahl, 14 bzw. 16 statt 10—13, der Unterranddornen am Dactylopoditen der 1. Pereiopoden. Das ältere Männchen besitzt 13 bzw. 14 solche Dornen.

Verbreitung. *A. coxalis* ist zirkummediterran verbreitet und ist vom Süd-osten und Südwesten her nordwärts bis Mitteldeutschland vorgedrungen. Heute werden zahlreiche Subspezies von dieser Art unterschieden[18]: *ibericus* BRAGA (NW-Portugal), *gabriellae* MARGALEF (Mallorka), *banyulensis* RACOV. (Südfrank-reich, Norditalien), *sardous* ARC. (Sardinien), *italicus* DUD., *polychaetus* DUD. und *dudichi* STROUH. (Mittel- und Süditalien), *wolfi* DUD. (= *cyanophilus* DUD.) (Sizilien), *lucifugus* DEELEMAN-REINHOLD (Norddalmatien, ? Rab), *corcyraeus* STROUH. (Korfu), *leucadius* STROUH. (Levkas), *cephallenus* STROUH. (Kephalonia), *epiroticus* STROUH. (westgriechisches Festland), *versluysi* nov. subspec.[19] (Zante), *rhodiensis* ARC. (Ägäische Inseln Symi, Rhodos, Karpathos), *ciliciensis* DEELEMAN-REINHOLD und *coxalis* ? ssp. BRESSON (Türkei), *coxalis* s. str. (Syrien, Israel); *perarmatus* REMY (Madeira), *peyerimhoffi* RACOV. (*p. tellianus* BRAGA, *p. bougiensis* BRAGA) (Algerien), *africanus* MONOD (Tunis), *cyrenaicus* ARC. (Cyrenaika); *pere-grinus* HERBST (westliches Mitteldeutschland), *septentrionalis* HERBST (östliches Mitteldeutschland).

Vorkommen auf Korfu: Ohne nähere Angaben, 6 ♂♂ (4,0—7,2 lg.) und 2 ♀♀ (3,7 und 4,3 lg.), leg. Dr. STEPHANIDES, 1935. — M. BEIER hat die Wasserassel 1929 in einem in die Lagune Kalichiopulon bei Korfu mündenden Wasser-graben festgestellt (STROUHAL 1942, 1954).

Subordo **Oniscoidea** DANA, 1852

Series **Ligiomorpha**

Cohors **Synocheta**

Superfam. TRICHONISCIDES

Fam. Trichoniscidae SARS, 1899

Subfam. Trichoniscinae VERHOEFF, 1908

Genus *Trichoniscus* BRANDT, 1833

Trichoniscus matulicii VERHOEFF, 1901, (Abb. 2—5)

1901 *T. M.*, VERHOEFF in: Zool. Anz., v. 24, p. 74. — ? 1901 *T. Omblae*, VERHOEFF in: ibid., p. 76. — 1908 *T. sorrentinus*, VERHOEFF in: Arch. Biontol., v. 2, p. 377, t. 31, f. 52. — 1930 *T. (Chaliconiscus) m.*, VERHOEFF in: Zool. Jahrb. Syst., v. 59, p. 5. — 1933 *T. sorrentinus*, VERHOEFF in: ibid., v. 65, p. 47. — 1936 *T. (Chaliconiscus) corcyraeus*, STROUHAL in: SB. Ak. Wien, math.-naturw. Kl., v. 145 I, p. 154. — 1936 *T. (Chaliconiscus) corcyraeus* + *m.*, STROUHAL in: Acta Inst. Mus. Zool. Univ. Athen., v. 1, p. 53, 57, 68, 71, f. 1—4. — 1937 *T. (Chaliconiscus) sorrentinus*, STROUHAL in: Zool. Anz., v. 119, p. 69. — 1939 *T. sorrentinus*, VERHOEFF in: Zool. Jahrb. Syst., v. 72, p. 214, 222, 223. — 1939 *T. (Chaliconiscus) matulici* + *sorrentinus*, STROUHAL in: Studien allg. Karstforsch., etc., Brünn, s. B, nr. 7, p. 6,

---

[18] Vgl. hiezu auch DEELEMAN-REINHOLD, C., 1965. Contribution à la con-naissance du genre Asellus en Yougoslavie et en Turquie. Zool. Meded., *40* (20): 152, 164.

[19] Die Beschreibung dieser neuen *coxalis*-Subspezies erfolgt in einem Anhang zu dieser Abhandlung, S. 306.

8, 9, f. 1—6. — 1939 *T. corcyraeus* (part.), Strouhal in: Verh. Ges. Wien, *v.* 88/89 (1938/39), p. 176. — 1946 *T. (Chaliconiscus) matulici,* Vandel in: Ann. Sci. nat. Zool., s. 11, *v.* 8, p. 164, f. 16, 17. — 1946 *T. omblae* (?), Vandel in: ibid., p. 163, f. 14, 15. — 1952 *T. (T.) sorrentinus,* Arcangeli in: Mem. Biogeograf. Adriatica, *v.* 2, p. 151, 161. — ? 1952 *T. (T.) omblae,* Arcangeli in: Boll. Ist. Mus. Torino, *v.* 3 (1951/52), p. 24, 32, t. 4, f. 17, t. 5, f. 19, t. 6, f. 18, 21, 22, t. 7, f. 20, 23—25, t. 8, f. 26, 27. — 1955 *T. Matulici + sorrentinus,* Vandel in: Rev. franç. d'Ent., *v.* 22, p. 59, 61, f. 1, 2. — 1965 *T. m. + m. m.,* Schmölzer in: Bestimmungsb. Bodenfauna Eur., pars 4, p. 95, f. 411.

Die eine der beiden jetzt von Korfu vorliegenden *Trichoniscus*-Arten stimmt mit der 1939 (p. 8, f. 1—4) von mir gebrachten eingehenden Beschreibung des von K. Absolon in zahlreichen Höhlen im Südwesten der nördlichen Balkanhalbinsel (Südherzegowina, Süddalmatien, Westmontenegro, Insel Mljet) nachgewiesenen *T. matulicii* völlig überein. Dies trifft besonders für die für die *Trichoniscus*-Arten systematisch sehr wichtigen 7. Pereiopoden und 1. Pleopoden des Männchens, im besonderen für den Carpopoditen des 7. Beins und für den Exopoditen und das 2. Glied des Endopoditen der 1. Pleopoden zu. Die charakteristischen Auszeichnungen am 7. Carpopoditen finden sich allerdings erst bei älteren Männchen. Doch schon das 3,7 mm lange Männchen von Korfu besitzt an diesem Beinglied die Einbuchtung in der Mitte am unteren Rande (vgl. Strouhal 1939, p. 10, f. 3), bei 3 mm Körperlänge ist sie nur angedeutet, bei 2,7 mm (Abb. 2) fehlt sie, ebenso die reichliche Beschuppung am Carpo- und auch Mero-, Ischio- und Basipoditen, die aber schon bei 3 mm Länge auftritt.

Noch ausgeprägter unterscheiden sich die Männchen von Korfu von jenen Jugoslawiens in den 1. und 2. Pleopoden. Während bei einem 3,7 mm langen jugoslawischen Stück die 1. Exopoditen noch gedrungen, am Ende breit abgerundet (Strouhal 1939, f. 6) und erst bei 4—5 mm Körperlänge (f. 4 und 5) in der für *matulicii* charakteristischen Weise ausgebildet sind, hat das von Korfu stammende größte Männchen, ebenfalls 3,7 mm lang, bereits die 1. (und 2.) Pleopoden voll ausgebildet, ja auch schon das erst 3 mm lange und 1,2 mm breite Männchen (Abb. 3), wenngleich sie kleiner sind. Aber auch bei einem noch etwas jüngeren Stadium, 3 mm lang, 1,1 mm breit, zeigen die 1. Pleopoden schon die artspezifischen Merkmale (Abb. 4), erst dem kleinsten zur Verfügung gestandenen, 2,7 mm langen und 1,1 mm breiten Korfu-Männchen fehlen sie noch (Abb. 5), doch sind bereits an den Endopoditen Punktstreifen zu erkennen; die Exopoditen sind aber am Hinterende noch breit abgerundet und gleichen den oben erwähnten Exopoditen des 3,7 mm langen Männchens aus Jugoslawien.

Anders lagen seinerzeit die Verhältnisse bei dem Männchen, das M. Beier 1929 bei Spartilla auf Korfu gesammelt hat. Dieses erwies sich trotz seiner Länge von 3,3 mm noch als jugendlich, wie aus seinen 7. Pereiopoden und 1. und 2. Pleopoden zu ersehen ist. Ich habe es und die mit ihm zusammen am gleichen Ort gesammelten zwei Weibchen (3,1 und 3,3 mm lang), trotz der an den Seiten der vorderen Pereiontergite etwas kräftigeren Höckerung, obwohl Verhoeff in der Beschreibung den vollkommen ungekörnten Rücken als besonderes Merkmal hervorgehoben hat, zu *Trichoniscus corcyraeus* gestellt (1936a, p. 154, 1936c, p. 68, f. 1—4), der damals einzigen, von Korfu bekannten *Trichoniscus*-Art, die von Verhoeff (1901c, p. 148), freilich in einer nur ungenügenden Weise beschrieben worden ist. Auch waren zu dieser Zeit die Pleopoden jugendlicher *Trichoniscus*-Männchen noch unbekannt. Nunmehr, nach einwandfreier Feststellung des *T. matulicii* auf Korfu, steht auch fest, daß es sich bei den Tieren von Spartilla ebenfalls um *matulicii* und nicht um *corcyraeus* handelt. Auffallend ist dabei, daß das nach seinen 1. und 2. Pleopoden noch jugendliche Männchen bereits eine Länge von 3,3 mm erreicht hat. Dieser Umstand bestätigt aber nur, daß es sich nur um einen größeren *Trichoniscus* handeln kann. Tatsächlich ist *matulicii* eine solche Art, die in Jugoslawien eine Körperlänge von 6 (Männchen) bzw. 7 mm (Weibchen) erreicht. Das größte, jetzt von Korfu vorliegende Weibchen ist 5 mm lang. Verhoeff (1901b, p. 74) gab anläßlich der Erstbeschreibung des *matulicii* für Stücke aus der Südherzegowina eine Länge von 4—4$^2/_3$ mm an.

Der Korfu-*matulicii* ist auf zart violettem Pigmentnetzgrunde hell gefleckt. Der Cephalothorax in dem zwischen und hinter den schwarz pigmentierten Augen gelegenen Teil mit rundlichen, einander ziemlich genäherten Flecken. Die Pereiontergite jederseits der Mittellinie mit meist länglichen Flecken, die auf den vorderen Segmenten größer sind und nach hinten kleiner werden. Bei dunkleren Exemplaren findet sich am Grunde der Pereionepimeren ein heller Längswisch. Die Mitte des 2., vor allem im vorderen Teil des 3. Pleontergits ist quer aufgehellt. Antennen und Uropoden sind schwach pigmentiert. Hellere Stücke haben einen großen Teil der Pleontergite und die Uropoden aufgehellt. Die Unterseite, einschließlich der Pereiopoden, ist ohne Pigmentnetz.

Stücke mit völlig pigmentlosem Rücken (ab. *stygivagus* Verhoeff 1901) fanden sich nicht vor.

Zahl der Antennulen-Stäbchen: 4 (♂, 3,0 lg.), 5 bzw. 6 (♀, 2,3 lg.), 8 (♂, 3,0 und 3,7 lg.), demnach variabel. Bei jugoslawischen Exemplaren wurden 5—11 Stäbchen gezählt, wobei festgestellt

wurde, daß die Stäbchenzahl bei Jugendlichen geringer ist und
mit den Häutungen zunimmt (Strouhal 1939a, p. 8).

Daß der italienische *T. sorrentinus* Verhoeff, 1908, mit
T. matulicii der Balkanhalbinsel nahe verwandt ist, wurde wiederholt vermutet bzw. zum Ausdruck gebracht (Verhoeff 1908d,
p. 378, Strouhal 1939a, p. 9). Vandel (1955, p. 63) blieb die
Feststellung vorbehalten, daß *sorrentinus* mit *matulicii* identisch
ist. Damit erwies sich *matulicii* als eine transadriatisch verbreitete
Art. Auf der Balkanhalbinsel war sie bisher aus der Südherzegowina,
vom Sandschak Novi Pazar, von Süddalmatien und der Insel
Mljet und von Westmontenegro bekannt. Sie kommt vielleicht
auch in Albanien vor, denn Vandel (l. c., p. 59) nimmt an, daß sie
Arcangeli (1952b, p. 24) von dort als *Trichoniscus omblae* zitiert.
Vandel glaubt übrigens, daß auch der von Verhoeff (1901b,
p. 76) vom Omblaufer beschriebene *T. omblae* ein *matulicii* ist.
Im 1. Pleopoden-Endopoditen des Männchens ergibt sich allerdings insofern ein Unterschied, als er bei *omblae* (Arcangeli
1952b, t. 7, f. 23) dünner und schlanker ist als bei *matulicii* (Strouhal 1939a, f. 4); die Pleopoden-Exopoditen der beiden unterscheiden sich jedoch nicht.

Verbreitung. Herzegowina (von wo die Art zuerst beschrieben wurde),
Sandschak Novi Pazar, Süddalmatien, Insel Mljet, Westmontenegro, ? Albanien,
Korfu; Mittel- und Süditalien. Wurde häufig in Höhlen, sowohl als pigmentierte
Stammform als auch als die pigmentarme ab. *stygivagus* Verh. angetroffen.

Vorkommen auf Korfu: Spartilla (Strouhal 1936a und c). — Höhle
am Nordabhang des Pantokratorgebirges, gegen Kassiopi zu, ca. 500 m
M.-H., 19. 4., unter Steinen im tieferen, von der Decke her ständig betropften
Teil, 4 ♂♂ (2,7—3,7 lg., 1,1—1,6 br.), 7 ♀♀ (2,3—5,0 lg., 0,8—2,0 br.), leg. Hauser. —
Halbhöhle am Nordabhang des Pantokratorgebirges, 400 m M.-H., 19. 4.,
eine Larve II (1,1 lg.), leg. Hauser.

Trichoniscus corcyraeus Verhoeff, 1901 (Abb. 6 u. 7)

1901 *T. c.*, Verhoeff in: Zool. Anz., *v.* 24, p. 148. — 1929 *T. c.*, Strouhal
in: Z. wiss. Zool., *v.* 133, p. 62, 65. — non 1936 *T.* (*Chaliconiscus*) *c.*, Strouhal in:
SB. Ak. Wien, math.-naturw. Kl., *v.* 145 I, p. 154. — non 1936 *T.* (*Chaliconiscus*)
c., Strouhal in: Acta Inst. Mus. Zool. Univ. Athen., *v.* 1, p. 53, 57, 68, f. 1—4. —
1939 *T. c.* (part.), Strouhal in: Verh. Ges. Wien, *v.* 88/89 (1938/39), p. 176. —
1940 *T. c.*, Verhoeff in: Z. Morph. Ökol. Tiere, *v.* 37, p. 114. — 1965 *T. c.*, Schmölzer in: Bestimmungsb. Bodenfauna Eur., pars 4, p. 87, f. 379, 380.

Jederseits drei Ocellen. Zahl der Antennulen-Stäbchen beim
Männchen 3, beim Weibchen 4.

Pereionepimeren am Grunde hinten mit Bogenkante. Der
Rücken seidig glänzend, Pereiontergite zart gekörnt.

Hell gefleckt auf bräunlichviolettem Grund: auf dem Cephalothorax hinter der Augenlinie kleine Flecke; auf dem inneren Teil der vorderen Pereionepimeren kleine Fleckchen ($\circlearrowright$) bzw. diese Fleckchen größer und dicht aneinander stoßend, so daß vorn am Epimerengrund ein heller Wisch entsteht ($\circleftarrowmark$); beiderseits der Mediane die Pereiontergite mit größeren Flecken, die nach hinten an Größe abnehmen.

Eine zweite *Trichoniscus*-Spezies der Insel Korfu, die nach der von VERHOEFF (1901c, p. 148) verfaßten Beschreibung des *T. corcyraeus* als dieser identifiziert werden kann. Die Übereinstimmung ist sehr weitgehend, denn lediglich der zart seidenartig glänzende Rücken ist nicht ungekörnt, sondern weist auf den Pereiontergiten eine allerdings nur zarte Körnelung auf. Nach VERHOEFF soll *corcyraeus*, wie schon oben bei *matulicii* erwähnt wurde, einen völlig ungekörnten Rücken haben.

Zufolge dieser schwachen Körnelung kann dieser *Trichoniscus* jedoch nicht zu *matulicii* gehören. Er ist übrigens eine kleinere Art, denn das vorliegende, 2 mm lange Männchen hat bereits ziemlich vorgeschritten ausgebildete 1. Pleopoden (Abb. 7), was aus dem 2. Glied ihrer Endopoditen geschlossen werden kann. Auch das Ende der 2. Pleopoden-Endopoditen ist bereits stark verlängert, schmal und stabförmig.

Schon jugendliche Männchen der beiden Arten *matulicii* und *corcyraeus* unterscheiden sich recht gut in den 7. Pereio- und 1. Pleopoden:

T. corcyraeus (2,0 lg).: 7. Pereiopoden-Meropodit (Abb. 6, *me*) unten in der distalen Hälfte leicht eingebuchtet, Carpopodit (*ca*) gedrungener, etwa eineindrittelmal so lang wie breit. Endglied der 1. Pleopoden-Endopoditen (Abb. 7, *en*) gedrungener, etwa sechsmal so lang wie breit, am Ende zugespitzt und etwas abgebogen; der basale Teil ohne quere Punktstreifen. 1. Pleopoden-Exopodit (*ex*) mit bereits angedeutetem, schmäler abgerundetem, helmartigem Endlappen; erst dahinter am Außenrande eingebuchtet. Außen basal mit größerer, breit gerundeter Vorwölbung.

T. matulicii (2,7 lg.): 7. Pereiopoden-Meropodit (Abb. 2, *me*) unten leicht vorgewölbt, Carpopodit (*ca*) schlanker, etwa eindreiviertelmal so lang wie breit. Endglied der 1. Pleopoden-Endopoditen (Abb. 3, *en*) schlanker, etwa acht- bis zehnmal so lang wie breit, pfriemenförmig mit kegeligem Ende, basal mit queren Punktstreifen. 1. Pleopoden-Exopodit (Abb. 5) mit einem hinten breiter abgerundeten Endlappen, dessen Außenrand gleichmäßig in die Einbuchtung übergeht; außen basal mit kleinerer, runder Vorwölbung.

Durch die zugespitzten Enden der 1. Pleopoden-Endopoditen erinnert das zu *corcyraeus* gestellte Männchen an *T. scheerpeltzi* Strouhal (1958, p. 283, f. 2, 5—7) aus dem südöstlichen Kärnten, doch läßt es sich von dieser Art leicht durch das Fehlen der feinen Querstreifung der Endspitze der 1. Endopoditen und durch die breiter abgerundete und nicht lappig stark vorspringende äußere Basis der 1. Exopoditen unterscheiden.

Verbreitung. Wurde bisher nur auf Korfu festgestellt.

Vorkommen auf Korfu: „In Buschwäldern von Lorbeer- und Dorngewächsen (Verhoeff 1901c). — Weg von Kassiopi zu den Pantokrator-Höhlen, 19. 4., Gelände von Garrigue bedeckt, mit Karsterscheinungen, unter Steinen, 1 ♂ (2,0 lg., 0,7 br.) und 1 ♀ (2,7 lg., 0,9 br.), leg. Hauser. — Westlich Kassiopi, 17.—20. 4., mittels Barberfalle unter Macchie oberhalb der ersten Bucht gesammelt, ein juven. ♀ (1,7 lg.), das vielleicht zu dieser Art gehört, leg. Hauser.

Subfam. Haplophthalminae Verhoeff, 1908

Genus *Graeconiscus* Strouhal, 1940

1936 *Cyphoniscellus* (*Calconiscellus*) (part.), Strouhal in: SB. Ak. Wien, math.-naturw. Kl., v. 145 I, p. 156. — 1936 *Cyphoniscellus* (*Calconiscellus*) (part.), Strouhal in: Acta Inst. Mus. Zool. Univ. Athen., v. 1, p. 57, 72. — 1940 *G.*, Strouhal in: Zool. Anz., v. 129, p. 15, 18. — 1940 *Epironiscellus*, Strouhal in: ibid., p. 19. — 1942 *Epironiscellus*, Strouhal in: ibid., v. 138, p. 146, 148. — 1954 *Epironiscellus*, Strouhal in: SB. Österr. Ak., math.-naturw. Kl., v. 163 I, p. 575, f. 24, 25. — 1961 *G.*, Strouhal in: Ann. Mus. Wien, v. 64 (1960), p. 182. — 1965 *G. + Epironiscellus*, Schmölzer in: Bestimmungsb. Bodenfauna Eur., pars 4, p. 102, 103, 120, 122.

3 Arten: *tricornis* Strouh. (Korfu), *paxi* Strouh. (Korfu), *xerovunensis* Strouh. (Epirus).

Graeconiscus tricornis (Strouhal, 1936)

1936 *Cyphoniscellus* (*Calconiscellus*) *t.*, Strouhal in: SB. Ak. Wien, math.-naturw. Kl., v. 145 I, p. 156, f. 3—10. — 1936 *Cyphoniscellus* (*Calconiscellus*) *t.*, Strouhal in: Acta Inst. Mus. Zool. Univ. Athen., v. 1, p. 53, 57, 72. — 1940 *Cyphoniscellus t.*, Verhoeff in: Z. Morph. Ökol. Tiere, v. 37, p. 114. — 1940 *G. t.*, Strouhal in: Zool. Anz., v. 129, p. 15, 18. — 1961 *G. t.*, Strouhal in: Ann. Mus. Wien, v. 64 (1960), p. 182, 183. — 1964 *G. t.*, Vandel in: Ann. Spéléol., v. 19, fasc. 4, p. 737. — 1965 *G. t.*, Schmölzer in: Bestimmungsb. Bodenfauna Eur., pars 4, p. 120, f. 511—513.

Verbreitung. Ist ein Endemit Korfus.

Vorkommen auf Korfu: Gasturi (Strouhal 1936a, c).

Graeconiscus paxi Strouhal, 1961

1961 *G. p.*, Strouhal in: Ann. Mus. Wien, v. 64 (1960), p. 178, 183, f. 1—7. — 1964 *G. p.*, Vandel in: Ann. Spéléol., v. 19, fasc. 4, p. 738.

Die von B. Hauser 1960 auf Korfu entdeckte zweite Höckerassel-Spezies wurde bereits 1961 beschrieben.

Verbreitung. Endemit der Insel Korfu.

Vorkommen auf Korfu: Pantokratorgebirge, Höhle am Nordabhang, gegen Kassiopi zu gelegen, ca. 500 m M.-H., leg. Hauser (Strouhal 1961).

Cohors Crinocheta

Superfam. ATRACHEATA

Fam. Oniscidae Verhoeff, 1918

Genus Chaetophiloscia Verhoeff, 1908

Chaetophiloscia elongata (Dollfus, 1884)

1884 *Philoscia e.*, Dollfus in: Bull. Soc. d'Étud. Sci. Paris, v. 7, p. 3. — 1885 *Philoscia pulchella*, Budde-Lund, Crust. Is. terr., p. 214. — 1896 *Philoscia pulchella*, Budde-Lund in: Arch. Naturg., v. 62, p. 41. — 1896 *Philoscia e.*, Dollfus in: Wiss. Mt. Bosn., v. 4, p. 586. — 1908 *Ch. e.*, Verhoeff in: Arch. Biontol., v. 2, p. 353, 355, 356, f. 10. — 1923 *Ch. e.*, Verhoeff in: Arch. Naturg., v. 89 A, fasc. 5, p. 228, f. 10. — 1929 *Ch. e.*, Strouhal in: Z. wiss. Zool., v. 133, p. 66. — ? 1929 *Ch. e.*, Strouhal in: SB. Ges. Fr. Berlin, p. 41. — 1936 *Ch. e.*, Strouhal in: SB. Ak. Wien, math.-naturw. Kl., v. 145 I, p. 159. — 1936 *Ch. leucadia*, Strouhal in: ibid., p. 160, f. 11, 12. — 1936 *Ch.* spec., Strouhal in: ibid., p. 161. — ? 1936 *Ch. e.*, Strouhal in: ibid., p. 197. — 1936 *Ch. e.*, Strouhal in: Acta Inst. Mus. Zool. Univ. Athen., v. 1, p. 53, 55, 58, 73, f. 5, 6. — 1936 *Ch. leucadia*, Strouhal in: ibid., p. 54, 58, 74. — 1936 *Ch.* spec., Strouhal in: ibid., p. 55, 75. — ? 1937 *Ch. e.*, (part.), Strouhal in: ibid., p. 207, 256, 258. — 1937 *Ch. e.*, Strouhal in: Zool. Anz., v. 117, p. 128. — 1937 *Ch. e.*, Strouhal in: ibid., v. 119, p. 70. — 1939 *Ch. e.* + *leucadia* + spec., Strouhal in: Verh. Ges. Wien, v. 88/89 (1938/39), p. 175, 176, 179. — 1940 *Ch. e.*, Verhoeff in: Z. Morph. Ökol. Tiere, v. 37, p. 114. — 1942 *Ch. e.*, Strouhal in: Zool. Anz., v. 138, p. 148, 149. — 1946 *Ch. e.*, Vandel in: Ann. Sci. nat., Zool., s. 11, v. 8, p. 169. — 1952 *Ch. e.*, Arcangeli in: Boll. Ist. Mus. Torino, v. 3 (1951/52), p. 23, 32. — 1952 *Ch. e.*, Arcangeli in: Mem. Biogeogr. Adriatica, v. 2, p. 145, 160, 163. — 1954 *Ch. e.*, Strouhal in: SB. Österr. Ak., math.-naturw. Kl., v. 163 I, p. 576. — 1965 *Ch. e.* + *e. e.*, Schmölzer in: Bestimmungsb. Bodenfauna Eur., pars 4, p. 143, f. 614.

Bei der Larve I (1,4 lg.) ist die Antennengeißel erst zweigliedrig und das 1. Glied ist noch doppelt so lang wie das Endglied.

Daß *Ch. leucadia* Strouhal (1936a, p. 160, f. 11, 12, 1936c, p. 74, f. 5, 6) die Jugendform von *elongata* ist, wurde bereits (Strouhal 1954b, p. 577) festgestellt.

Verbreitung. Ist eine im Mediterrangebiet weit verbreitete Art und kommt u. a. auch in Süditalien, auf den Tremiti-Inseln, in Dalmatien, Albanien, im Epirus und auf den Ionischen Inseln Korfu, Levkas, Kalamos, Kephalonia und Zante vor. Die von den Ägäischen Inseln Skyros und Seriphos gemeldeten *elongata*-Weibchen (STROUHAL 1929b, p. 41, 1936b, p. 197, 1937d, p. 207) gehören nach VERHOEFF (1941, p. 252) höchstwahrscheinlich zu *Ch. hastata* VERH., was aber noch einer Bestätigung bedarf.

Vorkommen auf Korfu: Ohne Ortsangabe (STROUHAL 1929a); Kalichiopoulo (DOLLFUS 1896, STROUHAL 1936c); Aleanone, Hagios Mathias (STROUHAL 1929a, 1936c); Spartilla, Korfu, Potamos, Gasturi (STROUHAL 1936a, c); Canone (STROUHAL 1937a). — Korfu-Stadtgebiet und Weg nach Pontekonisi, 16. 4., 2 ♀♀ mit Embryonen (6,7 und 7,1 lg., 2,4 und 3,2 br.), leg. HAUSER. — Kassiopi, Nordkorfu, 16. 4., Olivenhaine, unter Steinen, 6 ♀♀, die Hälfte mit Embryonen (6,0—8,7 lg., 2,4—3,0 br.), leg. HAUSER. — Macchie westlich von Kassiopi, 17. 4., 7 ♀♀ mit Embryonen im Marsupium (5,5—7,8 lg., 2,2—2,8 br.), 1 Larve II (1,6 lg.) in Bodenprobe, leg. HAUSER. — Kap Kassiopi, 17. 4., an Steinmäuerchen inmitten von Schafen beweideten Wiesen, 2 ♀♀ mit Eiern bzw. Embryonen (5,9 und 6,2 lg., 2,0 und 2,3 br.), leg. HAUSER. — Zweite Bucht östlich Kassiopi, 17.—20. 4., mittels Barberfalle erbeutet knapp über dem Meer, unter Ölbäumen, 1 ♂ (5,2 lg., 2,1 br.), 1 ♀ (7,1 lg., 2,7 br.), 1 Larve I (1,4 lg.), leg. HAUSER. — Ostabhang vom Kap Kassiopi, 17.—20. 4., mit einer auf einer Terrasse gelegenen Barberfalle erbeutet, 1 Marsupial-♀ (7,6 lg., 3,0 br.) und eine Larve (1,6 lg.), leg. HAUSER. — Weg Kassiopi—Pantokrator-Bergdörfer, 20. 4., an Steinmäuerchen in beweideten Olivenhainen, 3 Marsupial-♀♀, davon eines mit Embryonen (6,7—9,0 lg., 3,0—3,4 br.), leg. HAUSER. — Weg Kassiopi—Lagune im NW der Insel, 21. 4., Macchie abwechselnd mit Olivenhainen, 1 ♀ mit geleertem Marsupium (6,8 lg., 3,0 br.), 2 Larven I (1,3 und 1,4 lg.), leg. HAUSER. — Palaeokastriza, 22. 4., Olivenhain, unter Steinen, 1 ♂ (4,8 lg., 1,3 br.), 1 ♀ (5,3 lg., 1,9 br.), 1 ♀ mit Embryonen im Marsupium (6,0 lg., 2,2 br.), 3 Larven I (1,5 lg.), leg. HAUSER.

Chaetophiloscia elongata ab. *palustris* (VERHOEFF, 1901)

1901 *Philoscia e.* var. *p.*, VERHOEFF in: Zool. Anz., v. 24, p. 146. — 1929 *Ch. e.* var. *p.*, STROUHAL in: Z. wiss. Zool., v. 133, p. 66. — 1936 *Ch. e.* ab. *p.*, STROUHAL in: SB. Ak. Wien, math.-naturw. Kl., v. 145 I, p. 160. — 1936 *Ch. e.* ab. *p.*, STROUHAL in: Acta Inst. Mus. Zool. Univ. Athen., v. 1, p. 73, 74. — 1954 *Ch. e.* ab. *p.*, STROUHAL in: SB. Österr. Ak., math.-naturw. Kl., v. 163 I, p. 577. — 1965 *Ch. e. p.*, SCHMÖLZER in: Bestimmungsb. Bodenfauna Eur., pars 4, p. 143.

Ist von der Normalform durch eine abweichende, helle Färbung ausgezeichnet.

Verbreitung. Korfu und Epirus.

Vorkommen auf Korfu: Ohne Ortsangabe, 1885, 1 ♂ (8,0 lg., 4,4 br.), leg. E. REITTER (Mus. Vindob., Crust.-Smlg. Acqu.-Nr. 1885. V. 5). — Ohne Ortsangabe, 1899, 1 ♂ (9,3 lg., Syntypus), leg. C. VERHOEFF (Mus. Vindob., Crust.-Smlg. Acqu.-Nr. 1946. X.) (VERHOEFF 1901c). — Spartilla, Korfu, Potamos, Gasturi (STROUHAL 1936a, c). — Weg Kassiopi—Pantokrator-Bergdörfer, 20. 4., an Steinmäuerchen im beweideten Olivenhain, 1 ♀ mit Embryonen im Marsupium (9,6 lg., 3,6 br.), die weißlichen Rückenflecke so ausgedehnt und zusammengeflossen, daß die Terga zum großen Teil weißlich und nur dunkel gesprenkelt, also marmoriert sind, jedoch mit dunklen, nach hinten verbreiterten Längsflecken an der Basis der Pereionepimeren, leg. HAUSER.

Superfam. PSEUDOTRACHEATA

Fam. Porcellionidae VERHOEFF, 1918

Subfam. Trachelipinae STROUHAL, 1953

1949 Porcellioninae (part.), VERHOEFF in: Rev. Fac. Sci. Univ. Istanbul, s. B, *v.* 14, p. 46. — 1953 T., STROUHAL in: ibid., *v.* 18, p. 354. — 1962 Porcellionidae quinquetracheatae, VANDEL in: Faune France, *v.* 66, p. 576. — 1965 Trachelipidae, VANDEL in: Bull. Mus. Paris, s. 2, *v.* 36, nr. 6 (1964), p. 821.

Genus *Orthometopon* VERHOEFF, 1917

1847 *Porcellio* (part.), C. L. KOCH, Berichtig., p. 204. — 1879 *Porcellio* (*Metoponorthus*) (part.), BUDDE-LUND, Prosp. Is. Terr., p. 4. — 1885 *Porcellio* (*Metoponorthus*) (part.), BUDDE-LUND, Crust. Is. terr., p. 167. — 1917 *Tracheoniscus* (*O.*), VERHOEFF in: SB. Ges. Fr. Berlin, p. 212, 217, 218, 220. — 1918 *O.*, VERHOEFF in: Arch. Naturg., *v.* 82 A (1916), fasc. 10, p. 145. — 1923 *O.*, VERHOEFF in: ibid., *v.* 89 A, fasc. 5, p. 216. — 1929 *O.*, STROUHAL in: Z. wiss. Zool., *v.* 133, p. 84, 85. — 1933 *O.*, VERHOEFF in: Zool. Jahrb. Syst., *v.* 65, p. 12. — 1941 *O.*, VERHOEFF in: Rev. Fac. Sci. Univ. Istanbul, s. B, *v.* 6, p. 240. — 1954 *O.*, VANDEL in: Rev. franç. Ent., *v.* 21, p. 77. — 1962 *O.*, VANDEL in: Faune France, *v.* 66, p. 577, 596. — 1965 *O.*, SCHMÖLZER in: Bestimmungsb. Bodenfauna Eur., pars 5, p. 187, 245.

Orthometopon ist eine mediterrane Gattung östlichen Ursprungs, zu der vier Arten zählen:

1. *turcicum* VERHOEFF, 1941 (p. 241), wurde in der Nordwesttürkei, bei Bursa, aufgefunden.

2. *phaleronense* VERHOEFF, 1901d (p. 407) (= *Porcellio sexfasciatus* C. L. KOCH, 1847, p. 208, t. 8, f. 99), kommt in Attika und auf einer Anzahl von Inseln der Ägäis vor (STROUHAL 1937d, p. 226). Hierher gehört sehr wahrscheinlich der von BUDDE-LUND 1896 (p. 40) von der Insel Kea (Keos) gemeldete *Metoponorthus meridionalis* (= *O. planum*).

3. *dalmatinum* VERHOEFF, 1901b (p. 71), eine transadriatische Spezies, die sowohl im Westen der Balkanhalbinsel als auch über die ganze Apenninenhalbinsel verbreitet ist. Von ihr wurden drei Unterarten beschrieben: *dalmatinum* s. str., von Istrien bis Peloponnes bekannt, auch Mazedonien, Epirus und Korfu; *dalmatinum jonicum* (STROUHAL 1954, p. 590, f. 44) von Levkas, Kephalonia und Zante; *dalmatinum frascatense* (VERHOEFF 1918, p. 147) von Italien. Keinesfalls kommt die Spezies in Spanien vor, von wo (Südhang beim Escorial) sie SCHMÖLZER (1955, p. 313) anführt.

4. *planum* BUDDE-LUND (1879) 1885, ist von Südostfrankreich über die Südwestschweiz und die nördliche Apenninenhalbinsel nach Osten bis Istrien und Krain und, von diesem Hauptverbreitungsgebiet abgesondert, auch noch in der Südslowakei und in Nordungarn verbreitet (VANDEL 1962, p. 601; FRANKENBERGER 1964, p. 792, f. 1).

Orthometopon dalmatinum dalmatinum (VERHOEFF, 1901)

1901 *Metoponorthus dalmatinus*, VERHOEFF in: Zool. Anz., *v.* 24, p. 71. — 1917 *Tracheoniscus* (*O.*) *dalmatinus*, VERHOEFF, in: SB. Ges. Fr. Berlin, p. 212. — 1918 *O. dalmatinus* (genuinus), VERHOEFF in: Arch. Naturg., *v.* 82 A (1916), fasc. 10, p. 146. — 1929 *Porcellio* (*Porcellionides*) *sexfasciatus* (part.), STROUHAL in:

Z. wiss. Zool., *v.* 133, p. 70. — 1929 *O. dalmatinus* (part.), Strouhal in: ibid., p. 85. — 1933 *O. d.*, Verhoeff in: Zool. Jahrb. Syst., *v.* 65, p. 63. — 1936 *O. dalmatinus dalmatinus* (part.), Strouhal in: SB. Ak. Wien, math.-naturw. Kl., *v.* 145 I, p. 173. — 1936 *O. dalmatinus dalmatinus* (part.), Strouhal in: Acta Inst. Mus. Zool. Univ. Athen., *v.* 1, p. 54, 55, 59, 89. — 1937 *O. dalmatinus dalmatinus*, Strouhal in: Zool. Anz., *v.* 117, p. 128. — 1938 *O. d. d.*, Strouhal in: Acta Inst. Mus. Zool. Univ. Athen., *v.* 2, p. 7, 25. — 1939 *O. d.*, Verhoeff in: Abh. Ak. Berlin, math.-naturw. Kl., nr. 15, p. 10, 39. — non 1939 *O. d. d.*, Strouhal in: Verh. Ges. Wien, *v.* 88/89 (1938/39), p. 175, 180. — 1940 *O. d.*, Verhoeff in: Z. Morph. Ökol. Tiere, *v.* 37, p. 114. — 1942 *O. d. d.*, Strouhal in: Zool. Anz., *v.* 138, p. 148. — 1952 *O. d. d.*, Arcangeli in: Boll. Ist. Mus. Torino, *v.* 3 (1951/52), p. 18, 31. — 1952 *O. d. d.* (part.), Arcangeli in: Mem. Biogeograf. Adriatica, *v.* 2, p. 143. — 1954 *O. d. d.*, Strouhal in: SB. Österr. Ak., math.-naturw. Kl., *v.* 163 I, p. 589, f. 43. — 1962 *O. d.*, Vandel in: Faune France, *v.* 66, p. 597. — 1965 *O. dalmatinus dalmatinus*, Schmölzer in: Bestimmungsb. Bodenfauna Eur., pars 5, p. 245, f. 934.

Verbreitung. Westliche Balkanhalbinsel von Istrien bis Peloponnes, u. a. auch Albanien (Prov. Berati) (Arcangeli 1952 b), Mazedonien (Verhoeff 1933), Epirus, Mittelgriechenland, Korfu, Arkadien; nicht auf Levkas, Kephalonia, Zante.

Vorkommen auf Korfu: Ohne nähere Ortsangabe (Verhoeff 1918, Arcangeli 1952). — Hagios Mathias (Strouhal 1929, 1936a, c), Spartilla, Gasturi, Potamos (Strouhal 1936a, c). — Kassiopi (Nordkorfu), 16. 4., 1 ♀ mit Eiern im Marsupium (10,5 lg., 5,4 br.), leg. Hauser.

Genus *Trachelipus* Budde-Lund, 1908

1907 *Porcellio* (*Euporcellio*) (part.), Verhoeff in: SB. Ges. Fr. Berlin, p. 246, 250. — 1917 *Tracheoniscus*, Verhoeff in: ibid., p. 199, 209. — 1943 *Tracheoniscus*, Verhoeff in: Rev. Fac. Sci. Univ. Istanbul, s. B, *v.* 8, p. 16. — 1952 *T.*, Arcangeli in: Arch. Zool. Ital., *v.* 37, p. 349. — 1954 *T.*, Strouhal in: SB. Österr. Ak., math.-naturw. Kl., *v.* 163 I, p. 577. — 1962 *T.*, Vandel in: Faune France, *v.* 66, p. 582. — 1965 *T.*, Schmölzer in: Bestimmungsb. Bodenfauna Eur., pars 5, p. 189, 256.

Verhoeff teilte 1943 die Gattung in zwei Untergattungen: *Tracheoniscus* s. str. (= *Trachelipus* s. str.) und *Depressionus* Verh. Die auf Korfu vorkommenden Arten gehören zu *Trachelipus* s. str.

Trachelipus (Trachelipus) camerani (Tua, 1900) (Abb. 8—17)

1900 *Porcellio C.*, Tua in: Boll. Mus. Torino, *v.* 15, nr. 374, p. 9, f. 5a, b. — 1932 *Tracheoniscus C.*, Arcangeli in: Boll. Laborat. Zool. Milano, *v.* 4, fasc. 1 (1931/32), p. 16, t. 3, f. 26—33. — 1936 *Tracheoniscus C.*, Arcangeli in: Boll. Mus. Torino, *v.* 45 (1935/36), s. 3, nr. 66, p. 271. — 1952 *T. C.*, Arcangeli in: Boll. Ist. Mus. Torino, *v.* 3 (1951/52), p. 21. — 1958 *Porcellio c.*, Radu in: Comunic. Ac. R. P. R., nr. 1, *v.* 8, p. 56.

Trachelipus (Trachelipus) camerani phaeacorum
(Verhoeff, 1901) (Abb. 8—10)

Die von Schmölzer (1965, p. 259) für *Trachelipus illyricus* Verh. aufgezählten Merkmale, mit Ausnahme der Drüsenporenfelder und der Rückenkörnelung, treffen ebenso für *phaeacorum*

zu, der jedoch als eine Art von *illyricus* abgetrennt wird. Daß
ARCANGELI (1936, p. 272, 273) beide als Unterarten des von TUA
(1900, p. 9) aus Apulien beschriebene *camerani* erkannte, darauf
geht SCHMÖLZER gar nicht ein, wie er auch *camerani* selbst uner-
wähnt läßt, obwohl er die betreffenden Arbeiten von TUA und
ARCANGELI im Literaturverzeichnis anführt.

Bei *phaeacorum* (STROUHAL 1954, f. 33) sind die Kopfseitenlappen so lang wie am Grunde breit, bei *illyricus* (Abb. 11) auch
etwas länger; bei beiden sind sie nicht gerade nach vorn gerichtet,
sondern etwas schräg nach außen, ihre Außenränder divergieren
ein wenig nach vorn; bei einem erwachsenen *illyricus*-Weibchen
(16,0 lg.) ist das Ende des Lappens etwas nach außen gebogen
und dadurch ist der Außenrand nicht gerade, sondern ein wenig
eingebuchtet (Abb. 11). Bei *phaeacorum* ist ferner der Innenrand
der Seitenlappen nicht immer gleichmäßig gerundet, wie es die
1954 von mir gebrachte und von SCHMÖLZER (f. 1018) wieder-
gegebene Abbildung zeigt, sondern er kann auch, wie es SCHMÖLZER
von *illyricus* beschreibt und abbildet (p. 259, f. 1011), „zunächst
etwas gerade nach vorn gerichtet und erst dann nach außen
gebogen" sein, also eine leichte, abgerundet-stumpfwinklige Aus-
buchtung aufweisen. Aber auch umgekehrt kann bei *illyricus* der
Innenrand ebenfalls gleichmäßig gebogen sein. Auch fand ich bei
diesem den Kopfmittellappen vorn aufgebogen und oben etwas
ausgehöhlt. Zwischen den Lappen finden sich sehr schmal (*phaeacorum*) oder etwas breiter abgerundete (*illyricus*) spitze Winkel.
Bei jüngeren *illyricus*-Männchen (8,0 und 9,3 lg.) sind die Winkel
noch abgerundet-rechtwinklig.

3. Schaftglied der Antennen trägt bei beiden Formen außen
am distalen Ende einen großen Zahn; einen kleineren Zahn besitzt
das 2. Glied.

Der Hinterrand des 1.—3. Pereiontergits weist bei *phaeacorum*
und *illyricus* jederseits breite, aber nicht tiefe, bogige Einbuchtungen auf. Das Telson ist bei ihnen an den Seiten breit abgerundet-
stumpfwinklig eingebuchtet, jedoch nicht im gleichmäßigen Bogen,
wie es SCHMÖLZER von *illyricus* abbildet (f. 1015).

Ischiopodit der 7. Pereiopoden (Abb. 8 und 13, *isch*) des
Männchens bei beiden keulenförmig, an der Vorder- (Außen-)
Seite, distal und oben, mit ovaler, behaarter Grube. Meropodit
(*me*) oben mit behaarter Längsvertiefung, Carpopodit (*ca*) oben
mit Vorwölbung. Endlappen der 1. Pleopoden-Exopoditen des
Männchens (Abb. 9 und 14) mit schmal abgerundetem, spitzem,
schräg nach außen und hinten gerichtetem Endzipfel; dessen
parallel zur Basis des Exopoditen gezogene Grundlinie schließt

mit dem Innenrand einen Winkel von 28° (*phaeacorum*) bzw. 34° (*illyricus*) ein. Die Beinglieder besitzen besonders an ihrer Hinterseite eine zarte Schuppenstruktur und weisen zahlreiche, am Basipoditen oben in Längsreihen, unten verstreut stehende, am Ischio- und Meropoditen verstreute, relativ große, dreieckige, basal verbreitete, distal in eine Spitze auslaufende Schuppenborsten auf (Abb. 15).

Das von mir untersuchte, von Verhoeff am 20. 2. 1908 in Istrien gesammelte und als *illyricus* determinierte Männchen (14,5 lg., 6,8 br.) weicht von der von Verhoeff 1938a (p. 337) anläßlich der Beschreibung der neuen „*illyricus*-Subspezies" *lasiorum* gegebenen Charakteristik des *illyricus* (genuinus) insofern ab, als der Ischiopodit der 7. Pereiopoden unten stärker eingebuchtet (Abb. 13, *isch*) und der Carpopodit (*ca*) durch die obere starke Erweiterung merklich höher ist als der Meropodit (*me*) am distalen Ende. Ischio- und Carpopodit decken sich auch weitgehend mit den von Verhoeff (1938a, f. 9 und 10) für *lasiorum* gebrachten Abbildungen. Übrig bleibt somit als einziger Unterschied, daß bei *lasiorum* der 1. Pleopoden-Exopodit des Männchens nicht nach außen, bei *illyricus* — im Vergleich zu *schwangarti* — schwächer nach außen gebogen ist, ein Unterschied also, der kaum berechtigt, *lasiorum* als Subspezies noch aufrechtzuerhalten.

Ebenso reichen die für *schwangarti* von Verhoeff (1928, p. 163) angeführten Merkmale kaum hin, um diesen zu einer Subspezies zu stempeln, umsoweniger, als auch bei *illyricus* eine Aufkrempung des Kopfmittellappens festgestellt werden konnte und ebenfalls spitze Winkel zwischen dem Kopfmittellappen und den Seitenlappen. Aber in diesem Falle wird eine endgültige Entscheidung noch nicht getroffen.

Die Männchen von *illyricus* und *phaeacorum* zeigen dagegen eine Anzahl von gut ausgeprägten Unterscheidungsmerkmalen:

T. c. illyricus: Ischiopodit der 7. Pereiopoden (Abb. 13, *isch*) unten stärker bogenförmig eingebuchtet, oben buckelartig vorgezogen, Carpopodit (*ca*) oben stark vorgewölbt, dadurch merklich höher als Meropodit (*me*). Außenrand des Endzipfels der 1. Pleopoden-Exopoditen (Abb. 14) in einem breiten Bogen eingebuchtet. An den Pereio- und Pleopoden reichlicher beborstet. Am Unterrande des Ischiopoditen des 7. Beins dichter stehende Börstchen, unten am Mero- und Carpopoditen eine größere Zahl von Stachelborsten. Größer ist auch die Zahl der Börstchen am Trachealfeldrande der Pleopoden-Exopoditen (1.—5. Exopodit: 18—24).

T. c. phaeacorum: Ischiopodit der 7. Pereiopoden (Abb. 8, *isch*) unten mit nur flacher Einbuchtung, oben abgerundet-stumpfwinklig vorspringend, Oberrand des Carpopoditen (*ca*) in den basalen zwei Dritteln flach-bogig erweitert, das Glied kaum höher als der Meropodit (*me*). Außenrand des Endzipfels der 1. Pleopoden-Exopoditen (Abb. 9) in einem schmalen Bogen eingebuchtet. An den Pereio- und Pleopoden geringer beborstet, nur wenige Borsten unten am Ischiopoditen des 7. Beins, weniger Stachelborsten am Unterrande des Mero- und Carpopoditen. Ebenso ist die Zahl der Randborsten an den Pleopoden-Exopoditen, besonders am Trachealfeldrande, kleiner (4—5).

Einigermaßen schwer fällt es, *camerani* Tua s. str. von den anderen Formen, vor allem von dem gleichfalls stärker, auch an den Epimeren der Pereion- und Pleuren der Pleontergite 3—5 gekörnten *phaeacorum* zu trennen. Nach den von Arcangeli (1932, f. 26—33) gelieferten Abbildungen ist *camerani* noch stärker gekörnt, hat am Hinterrande des Cephalothorax jedoch keine Körnerreihe (die vielleicht übersehen wurde), besitzt aber auf dem 1. und 2. Pleontergit neben den Körnern am Hinterrande noch eine weitere, quer über die Mitte ziehende Körnerreihe und am 5. Pleontergit vor der Hinterrandreihe sogar zwei Querreihen von Körnern. Die spitzen Winkel (etwa 75°) zwischen den Kopflappen sind breiter abgerundet, breiter noch als bei *illyricus*; sonst zeigen der gerundete Mittellappen und die außen geraden Seitenlappen keinen Unterschied gegenüber *phaeacorum*. Bei Tuas Abbildung (1900, f. 5*a*) ist der Mittellappen quer abgestutzt, und die Winkel zwischen den Lappen sind spitz und schmal abgerundet. Das Telson ist am Ende breiter abgerundet, besonders in der Abbildung (f. 5*b*) von Tua. Die männlichen 7. Pereiopoden gleichen sich sehr, besonders auch in der oberen Vorwölbung des Carpopoditen; nur die Einbuchtung am Unterrand des Ischiopoditen ist ganz wenig tiefer. Eine weitgehende Übereinstimmung besteht auch in den männlichen 1. Pleopoden-Exopoditen, sowohl in der schmalen Einbuchtung außen am Grunde des Endzipfels als auch in dem Winkel zwischen seiner Grundlinie und seinem Innenrand, der bei beiden Formen 28° beträgt, und sogar der ganz flachen Einbuchtung des Innenrandes des Endzipfels.

Trotz dieser Übereinstimmungen kam Arcangeli (1936, p. 273) zu dem Ergebnis, daß auch *phaeacorum*, gleich *illyricus*, zwar nicht eine eigene Art, jedoch eine Subspezies des *camerani* ist.

Die Widersprüche in den bisherigen Beschreibungen des *illyricus* werden wohl ihre Ursache darin haben, daß verschieden alte Stadien für dessen Charakteristik herangezogen wurden, oder die verwendeten Auszeichnungen sind von größerer Variationsbreite. Um diese Frage wenigstens zum Teil einer Klärung zuzuführen, wurde ein zweites, jüngeres Männchen (8,8 lg., 4,0 br.), am gleichen istrischen Fundort von VERHOEFF gesammelt, untersucht. Das Ergebnis war nun, daß tatsächlich das halbwüchsige Männchen einen unten noch sehr flach eingebuchteten Ischiopoditen und einen oben weniger stark vorgewölbten Carpopoditen (*ca*) der 7. Pereiopoden (Abb. 16 und 17) besitzt. Diese Beinglieder erinnern sehr an die des allerdings reifen *phaeacorum*-Männchens, jedoch ist der Ischiopodit oben schon breiter gerundet, die Beborstung am Unterrand des Ischio- und Carpopoditen und auch am Außenrand der 1. Pleopoden-Exopoditen bereits reichlicher vorhanden; der Endzipfel der 1. Exopoditen ist außen ebenfalls schon im breiten Bogen eingebuchtet. Aus diesen Feststellungen ergibt sich die Folgerung, daß bei Beschreibungen und Abbildungen stets auch die Größe des Objekts anzugeben ist.

So lassen sich heute außer dem süditalienischen *camerani* s. str. noch **drei** weitere *camerani*-Subspezies wie folgt unterscheiden:

1. Stärker gekörnt. Auch die Epimeren aller Pereiontergite mit Körnchen; ebenfalls die Pleuren der Pleontergite, wenn auch schwächer, gekörnt. Am Hinterrand der Pleontergite eine deutliche Körnerreihe, vor dieser auf dem 3.—5. Tergit weitere Körner in querer Reihe. Telson im basalen Teil gekörnt. Ischiopodit der männlichen 7. Pereiopoden unten mit flacher Einbuchtung, Carpopodit oben mit schwächerer Vorwölbung, nicht höher als Meropodit 2

— Schwächer gekörnt. Am Hinterrand der Pleontergite eine schwach ausgeprägte Körnchenreihe, vor dieser auf dem 3.—5. Tergit eine zweite, quer über die Mitte ziehende Reihe recht feiner Körnchen; die Pleuren ungekörnt, ebenso das Telson und die Epimeren des 5.—7. Pereiontergits. Hinterrand des Cephalothorax ungekörnt, am Hinterrand der Pereiontergite höchstens Körnchenspuren 3

2. 1. und 2. Pleontergit neben den Körnern am Hinterrand noch mit einer zweiten, quer über die Mitte ziehenden Körnerreihe. Die spitzen Winkel zwischen den Kopflappen sind breiter abgerundet. Telson am Ende breiter gerundet ....
.... *T. (T.) c. camerani* (TUA, 1900)

1900 *Porcellio C.*, Tua in: Boll. Mus. Torino, *v.* 15, nr. 374, p. 9, f. *5a, b.* —
1932 *Tracheoniscus C.*, Arcangeli in: Boll. Laborat. Zool. Milano, *v.* 4, fasc. 1
(1931/32), p. 16, t. 3, f. 26—33. — 1936 *Tracheoniscus (Tracheoniscus) C. C.*,
Arcangeli in: Boll. Mus. Torino, *v.* 45 (1935/36), s. 3, nr. 66, p. 273. — 1939
Tracheoniscus apulicus, Verhoeff in: Zool. Jahrb. Syst., *v.* 72, p. 215, 223, t. 6,
f. 8, 9. — 1952 *T. C. C.*, Arcangeli in: Boll. Ist. Mus. Torino, *v.* 3 (1951/52),
p. 22. — 1952 *T. C. Cameranii*, Arcangeli in: Mem. Biogeograf. Adriatica, *v.* 2,
p. 141. — 1958 *Porcellio c.*, Radu in: Comunic. Ac. R. P. R., nr. 1, *v.* 8, p. 56.
Verbreitung. Apulien.

— Vor den Körnern am Hinterrande des 1. und 2. Pleontergits keine weiteren Körner. Die spitzen Winkel zwischen den
Kopflappen schmal bis weniger breit abgerundet. Telson mit
schmal abgerundeter Endspitze. Die Körnerreihe am Hinterrande
des 3.—7. Pereiontergits stumpf-sägezähnig über den Rand vorspringend. Kopfmittellappen kreisabschnittförmig gerundet oder
in der Mitte quer abgerundet-abgestutzt, die großen Seitenlappen
abgerundet-dreieckig, der Außenrand gerade, der Innenrand vom
Grunde an gleichmäßig gebogen oder nahe dem Grunde abgerundet-
stumpfwinklig abgeknickt. Porenfelder der Epimerendrüsen kreisförmig, vom Seitenrand etwas abgerückt; kleiner, vom 5. Pereiontergit an mit der Lupe nicht wahrzunehmen. Unterstirn mit kegelförmigem Zapfen .... *T. (T.) c. phaeacorum* (Verhoeff, 1901)

1901 *Porcellio Rathkei Ph.*, Verhoeff in: Zool. Anz., *v.* 24, p. 71. — 1907
Porcellio (Euporcellio) ph., Verhoeff in: SB. Ges. Fr. Berlin, p. 255. — 1917
Tracheoniscus (Tracheoniscus) ph., Verhoeff in: ibid., p. 220. — 1929 *Tracheoniscus
(Tracheoniscus) ph.*, Strouhal in: Z. wiss. Zool., *v.* 133, p. 89. — 1936 *Tracheoniscus
(Tracheoniscus) C. ph.*, Arcangeli in: Boll. Mus. Torino, *v.* 45 (1935/36), s. 3,
nr. 66, p. 272, 273. — 1936 *Tracheoniscus (Tracheoniscus) ph.*, Strouhal in: SB.
Ak. Wien, math.-naturw. Kl., *v.* 145 I, p. 175. — 1936 *Tracheoniscus (Tracheoniscus)
trachealis* (part., Korfu), Strouhal in: ibid., p. 173. — 1936 *Tracheoniscus (Tracheoniscus) ph.*, Strouhal in: Acta Inst. Mus. Zool. Univ. Athen., *v.* 1, p. 54, 63, 91. —
1936 *Tracheoniscus (Tracheoniscus) trachealis* (part., Korfu), Strouhal in: ibid.,
p. 62, 90. — 1937 *Tracheoniscus (Tracheoniscus) ph. + trachealis* (part., Korfu),
Strouhal in: SB. Ak. Wien, math.-naturw. Kl., *v.* 146 I, p. 62. — 1938 *Tracheoniscus (Tracheoniscus) graecus* (part., Korfu), Strouhal in: Acta Inst. Mus. Zool.
Univ. Athen., *v.* 2, p. 8, 25. — 1939 *Tracheoniscus ph.*, Strouhal in: Verh. Ges.
Wien, *v.* 88/89 (1938/39), p. 176. — 1939 *Tracheoniscus graecus* (part., Korfu),
Strouhal in: ibid., p. 175. — 1940 *Tracheoniscus ph. + trachealis*, Verhoeff in:
Z. Morph. Ökol. Tiere, *v.* 37, p. 114. — 1941 *Tracheoniscus ph.*, Frankenberger
in: Rozpr. České Ak., tř. II, *v.* 51, nr. 1, p. 11. — 1941 *Tracheoniscus ph.*, Frankenberger in: Bull. Ac. tchèque, p. 7. — 1942 *Tracheoniscus ph.*, Strouhal in:
Zool. Anz., *v.* 138, p. 147, 148. — 1952 *T. ph.*, Arcangeli in: Boll. Ist. Mus. Torino,
v. 3 (1951/52), p. 22, 32. — 1952 *T. C. ph.*, Arcangeli in: Mem. Biogeograf.
Adriatica, *v.* 2, p. 142. — 1954 *T. (T.) ph.*, Strouhal in: SB. Österr. Ak., math.-
naturw. Kl., *v.* 163 I, p. 580, 583, f. 33. — 1965 *T. ph.*, Schmölzer in: Bestimmungsb.
Bodenfauna Eur., pars 5, p. 260, f. 1018.
Verbreitung. Korfu, Levkas, Mazedonien, Epirus, ? östliches Albanien.

3. Zwischen Mittel- und Seitenlappen des Kopfes spitze (fast rechte) Winkel. Mittellappen weniger stark vortretend, nach vorn gerichtet, nicht aufgebogen. 1. Pleopoden-Exopoditen des Männchens mit nicht oder schwach nach außen gebogenem Endzipfel. Unterstirn mit kantig und gebogen vorspringendem Längshöcker. Porenfelder der Epimerendrüsen größer, auch auf dem 5.—7. Tergit gut sichtbar .... *T. (T.) c. illyricus* (VERHOEFF, 1901)

1901 *Porcellio Ratzeburgi i.*, VERHOEFF in: Zool. Anz., v. 24, p. 417. — 1907 *Porcellio (Euporcellio) i.*, VERHOEFF in: SB. Ges. Fr. Berlin, p. 254. — 1917 *Tracheoniscus (Tracheoniscus) i.*, VERHOEFF in: ibid., p. 210. — 1923 *Tracheoniscus i.*, VERHOEFF in: Arch. Naturg., v. 89 A, fasc. 5, p. 212 (Reusen). — 1926 *Porcellio i.*, ARCANGELI in: Atti Mus. Trieste, v. 11, p. 16. — 1928 *Tracheoniscus i.*, VERHOEFF in: Zool. Jahrb. Syst., v. 56, p. 163. — 1931 *Tracheoniscus i.*, VERHOEFF in: Z. Morph. Ökol. Tiere, v. 22, p. 238. — 1936 *Tracheoniscus i.*, VERHOEFF in: Zool. Jahrb. Syst., v. 68, p. 253. — 1936 *Tracheoniscus (Tracheoniscus) C. i.*, ARCANGELI in: Boll. Mus. Torino, v. 45 (1935/36), s. 3, nr. 66, p. 272, 273. — 1938 *Tracheoniscus i.* (genuinis), VERHOEFF in: Arch. Naturg., N. F., v. 7, p. 337, 362. — 1938 *Tracheoniscus i. lasiorum*, VERHOEFF in: ibid., p. 336, 337, 344, 351, 352, 353, 354, 360, 362, f. 9, 10. — 1939 *Tracheoniscus i.*, VERHOEFF in: Abh. Preuß. Ak., v. 15, p. 10, 18, 39. — 1939 *Tracheoniscus i.* (genuinus) + *i. lasiorum*, VERHOEFF in: Zool. Anz., v. 128, p. 42. — 1952 *T. C. i.*, ARCANGELI in: Boll. Ist. Mus. Torino, v. 3 (1951/52), p. 21. — 1952 *T. C. i.*, ARCANGELI in: Mem. Biogeograf. Adriatica, v. 2, p. 142. — 1962 *T. i.*, VANDEL in: Faune France, v. 66, p. 591. — 1965 *T. i.* + *i. i.*, SCHMÖLZER in: Bestimmungsb. Bodenfauna Eur., pars 5, p. 260, f. 1011—1015. — 1965 *T. i. lasiorum*, SCHMÖLZER in: ibid., p. 260, f. 1016, 1017.

Verbreitung. Istrisch-kroatisches Küstengebiet, Dalmatien, Albanien: Prov. Valona; Südschweiz: Visptal (myrmekophil).

— Zwischen Mittel- und Seitenlappen des Kopfes spitze Winkel. Der Mittellappen stark vortretend, nach vorn und oben gerichtet, etwas aufgekrempt und oben ausgehöhlt. 1. Pleopoden-Exopoditen des Männchens mit stark nach außen gebogenem Endzipfel .... *T. (T.) c. schwangarti* (VERHOEFF, 1928)

1928 *Tracheoniscus s.*, VERHOEFF in: Zool. Jahrb. Syst., v. 56, p. 163. — 1931 *Tracheoniscus s.*, VERHOEFF in: Z. Morph. Ökol. Tiere, v. 22, p. 238. — 1938 *Tracheoniscus illyricus s.*, VERHOEFF in: Arch. Naturg., N. F., v. 7, p. 337. — 1939 *Tracheoniscus illyricus s.*, VERHOEFF in: Zool. Anz., v. 128, p. 36, 38, 39, 42. — 1965 *T. illyricus s.*, SCHMÖLZER in: Bestimmungsb. Bodenfauna Eur., pars 5, p. 260. — 1965 *T. illyricus s.*, GRUNER in: DAHL, Tierwelt Deutschl., pars 53, p. 292.

Verbreitung. Südtirol: Meran, Eppan; Nordpiemont. Pfalz: Hardt (verschleppt).

Vorkommen des *T. (T.) c. phaeacorum* auf Korfu: Ohne Ortsangabe (VERHOEFF 1901b, 1907b). — Hagios Mathias, Gasturi, Potamos (STROUHAL 1929a, 1936a, c, 1938). — Ohne Ortsangabe, 1 ♂ (8,0 lg., 4,4 br.), don. E. REITTER (Mus. Vindob., Acqu.-Nr. 1885. V. 5). — Ohne Ortsangabe, 1 ♂ (9,3 lg., Syntypus), leg. K. W. VERHOEFF (Mus. Vindob., Acqu.-Nr. 1946. X). — Halbhöhle am Nordabhang des Pantokrator, ca. 400 m M.-H., 19. 4., 1 ♀ (13,6 lg., 8,2 br.), leg. HAUSER. — Olivenhain südöstl. Kassiopi, 20. 4., 1 ♂ (13,5 lg., 7,4 br.), leg. HAU-SER. — Bucht östlich Kassiopi, 17.—20. 4., mittels Barberfalle auf der letzten Terrasse über dem Meer, bewachsene Felsblöcke, Ölbäume, dichter Humus, erbeutet, 1 ♂ (12,8 lg., 7,4 br.), leg. HAUSER. — Palaeokastriza, 22. 4., Oliven-hain, unter Steinen, 1 ♂ (16,0 lg., 7,7 br.) und 1 ♀ mit Embryonen im Marsupium (12,2 lg., 7,0 br.), leg. HAUSER.

Trachelipus (Trachelipus) palustris epirensis
STROUHAL, (1942) 1954

1942 *Tracheoniscus p. e.*, STROUHAL in: Zool. Anz., v. 138, p. 146, 147, 148. — 1954 *T. (T.) p. e.*, STROUHAL in: SB. Österr. Ak., math.-naturw. Kl., v. 163 I, p. 577, f. 27.

Verbreitung. *T. palustris* s. str. wurde vom Nord-Peloponnes (Purnarò· Kastron), wo ihn M. BEIER 1929 entdeckt hat, beschrieben (STROUHAL 1936a, p. 173, f. 26, 27, 1954, p. 579, f. 28). Die Unterart *epirensis* scheint im Epirus weit verbreitet und häufig zu sein und kommt auch auf Korfu vor.

Vorkommen auf Korfu: Ipsos, am Fuß des Pantokrator (STROUHAL 1954).

Subfam. Porcellioninae m.

1949 P. (part.), VERHOEFF in: Rev. Fac. Sci. Univ. Istanbul, s. B, v. 14, p. 46. — 1962 Porcellionidae bitracheatae, VANDEL in: Faune France, v. 66, p. 601. — 1965 Porcellionidae, VANDEL in: Bull. Mus. Paris, s. 2, v. 36, nr. 6 (1964), p. 822.

Genus *Metoponorthus* BUDDE-LUND (1879) 1885

1877 *Porcellio (Porcellionides)* (part.), MIERS in: P. zool. Soc. London, p. 668. — 1879 *Porcellio (M.)*, BUDDE-LUND, Prosp. Is. terr., p. 4. — 1885 *Porcellio (M.)*, BUDDE-LUND, Crust. Is. terr., p. 161. — 1918 *Porcellio (M.)*, VERHOEFF in: Arch. Naturg., v. 82 A (1916), fasc. 10, p. 124, 126, 128, 129, 141. — 1938 *Porcellio (Porcellionides)*, STROUHAL in: Acta Inst. Mus. Zool. Univ. Athen., v. 2, p. 56. — 1962 *M.*, VANDEL in: Faune France, v. 66, p. 603. — 1965 *M.*, SCHMÖLZER in: Bestimmungsb. Bodenfauna Eur., pars 5, p. 192. — 1965 *M.*, STROUHAL in: Ann. Mus. Wien, v. 68 (1964), p. 621. — 1966 *M.*, GRUNER in: DAHL, Tierwelt Deutschl., pars 53, p. 248, 249.

Verbreitung. Auf Korfu ist die Gattung lediglich durch die kosmopolitisch verbreitete, zur Untergattung *Metoponorthus* s. str. zählende Art *pruinosus* BRDT. vertreten, die dort in zwei Varietäten, *pruinosus* s. str. und *meleagris* B.-L. auftritt. Von *meleagris* findet sich nicht selten eine helle Färbungsform, die ab. *corcyraeus* VERH.

Subgenus *Metoponorthus* s. str.

1918 *Porcellio (M.)* sektio *M.*, VERHOEFF in: Arch. Naturg., v. 82 A (1916), fasc. 10, p. 129. — 1937 *Porcellio (Porcellionides)*, STROUHAL in: Acta Inst. Mus. Zool. Univ. Athen., v. 1, p. 254. — 1941 *M. (M.)*, VERHOEFF in: Rev. Fac. Sci. Univ. Istanbul, s. B, v. 6, p. 230. — 1962 *M. (M.)*, VANDEL in: Faune France, v. 66, p. 607. — 1965 *M.* s. str., SCHMÖLZER in: Bestimmungsb. Bodenfauna Eur., pars 5, p. 192, 195. — 1965 *M. (M.)*, STROUHAL in: Ann. Mus. Wien, v. 68 (1964), p. 621. — 1966 *M. (M.)*, GRUNER in: DAHL, Tierwelt Deutschl., pars 53, p. 251.

Metoponorthus (Metoponorthus) pruinosus (Brandt, 1833)

1833 *Porcellio p.*, Brandt in: Bull. Soc. Moscou, *v.* 6, p. 181. — 1885 *Porcellio* (*M.*) *p.*, Budde-Lund, Crust. Is. terr., p. 169. — 1918 *Porcellio* (*M.*) *p.*, Verhoeff in: Arch. Naturg., *v.* 82 A (1916), fasc. 10, p. 132, 138, f. 27, 28. — 1928 *Porcellio* (*Porcellionides*) *p.*, Strouhal in: SB. Ak. Wien, math.-naturw. Kl., *v.* 137 I, p. 795. — 1929 *Porcellio* (*Porcellionides*) *p.*, Strouhal in: Z. wiss. Zool., *v.* 133, p. 62, 67. — 1929 *Porcellio* (*Porcellionides*) *p.*, Strouhal in: SB. Ges. Fr. Berlin, p. 45. — 1936 *Porcellio* (*Porcellionides*) *p.*, Strouhal in: SB. Ak. Wien, math.-naturw. Kl., *v.* 145 I, p. 167. — 1936 *Porcellio* (*Porcellionides*) *p.*, Strouhal in: Acta Inst. Mus. Zool. Univ. Athen., *v.* 1, p. 77. — 1937 *Porcellio* (*Porcellionides*) *p.*, Strouhal in: ibid., p. 217. — 1940 *M. p.*, Verhoeff in: Z. Morph. Ökol. Tiere, *v.* 37, p. 114. — 1952 *M.* (*M.*) *p.*, Arcangeli in: Boll. Ist. Mus. Torino, *v.* 3 (1951/52), p. 15, 31. — 1962 *M.* (*M.*) *p.*, Vandel in: Faune France, *v.* 66, p. 618, f. 306, 307. — 1965 *M.* (*M.*) *p.*, Schmölzer in: Bestimmungsb. Bodenfauna Eur., pars 5, p. 198. — 1965 *M.* (*M.*) *p.*, Strouhal in: Ann. Mus. Wien, *v.* 68 (1964), p. 621. — 1966 *M.* (*M.*) *p.*, Gruner in: Dahl, Tierwelt Deutschl., pars 53, p. 251, f. 189—194.

Metoponorthus (Metoponorthus) pruinosus var. *pruinosus* Brandt

1918 *Porcellio* (*M.*) *p.* (genuinus), Verhoeff in: Arch. Naturg., *v.* 82 A (1916), fasc. 10, p. 133, 140. — 1923 *Porcellio* (*M.*) *p.* (genuinus), Verhoeff in: ibid., *v.* 89 A, fasc. 5, p. 206, 207, 225. — 1928 *Porcellio* (*Porcellionides*) *p.* ab. *genuinus*, Strouhal in: SB. Ak. Wien, math.-naturw. Kl., *v.* 137 I, p. 795. — 1929 *Porcellio* (*Porcellionides*) *p.* ab. *genuinus*, Strouhal in: Z. wiss. Zool., *v.* 133, p. 67, 68. — 1929 *Porcellio* (*Porcellionides*) *p.* ab. *genuinus*, Strouhal in: SB. Ges. Fr. Berlin, p. 45. — 1936 *Porcellio* (*Porcellionides*) *p. p.*, Strouhal in: SB. Ak. Wien, math.-naturw. Kl., *v.* 145 I, p. 167. — 1936 *Porcellio* (*Porcellionides*) *p. p.*, Strouhal in: ibid., p. 197. — 1936 *Porcellio* (*Porcellionides*) *p. p.*, Strouhal in: Acta Inst. Mus. Zool. Univ. Athen., *v.* 1, p. 53, 54, 55, 61, 78, 79. — 1937 *Porcellio* (*Porcellionides*) *p. p.*, Strouhal in: ibid., p. 217, 255, 256, 258, 262. — 1938 *Porcellio* (*Porcellionides*) *p. p.*, Strouhal in: ibid., *v.* 2, p. 8, 26. — 1939 *Porcellio* (*Porcellionides*) *p. p.*, Strouhal in: Verh. Ges. Wien, *v.* 88/89 (1938/39), p. 175, 180. — 1940 *M. p.*, Verhoeff in: Z. Morph. Ökol. Tiere, *v.* 37, p. 114. — 1942 *Porcellio p. p.*, Strouhal in: Zool. Anz., *v.* 138, p. 148. — 1952 *M.* (*M.*) *p. p.*, Arcangeli in: Boll. Ist. Mus. Torino, *v.* 3 (1951/52), p. 15, 31. — 1954 *Porcellionides p. p.*, Strouhal in: SB. Österr. Ak., math.-naturw. Kl., *v.* 163 I, p. 591. — 1965 *M.* (*M.*) *p. p.*, Schmölzer in: Bestimmungsb. Bodenfauna Eur., pars 5, p. 198. — 1965 *M.* (*M.*) *p.* var. *p.*, Strouhal in: Ann. Mus. Wien, *v.* 68 (1964), p. 622.

Verbreitung. Fast kosmopolitisch. Wurde auch auf den Ionischen Inseln Korfu, Levkas, Kephalonia und Peluso, in Albanien, auf dem griechischen Festlande und Peloponnes und auf zahlreichen Inseln der Ägäis aufgefunden.

Vorkommen auf Korfu: Ohne Ortsangabe (Strouhal 1929a, 1936c). — Olivenhain südöstlich Kassiopi, 20. 4., unter Steinen, 1 juven. ♀ (3,4 lg.), 2 ♀♀ (8,3 und 10,0 lg., 3,6 und 4,6 br.), leg. Hauser. — Palaeokastriza, 22. 4., Olivenhain, unter Steinen, 1 juven. ♀ (3,6 lg., 1,7 br.), leg. Hauser.

Metoponorthus (Metoponorthus) pruinosus var. *meleagris*
(Budde-Lund, 1885)

1885 *Porcellio* (*M.*) *m.*, Budde-Lund, Crust. Is. terr., p. 168. — 1918 *Porcellio* (*M.*) *p. m.*, Verhoeff in: Arch. Naturg., *v.* 82 A (1916), fasc. 10, p. 133, 141. — 1928 *Porcellio* (*Porcellionides*) *p.* ab. *m.*, Strouhal in: SB. Ak. Wien, math.-

naturw. Kl., *v.* 137 I, p. 795. — 1929 *Porcellio (Porcellionides) p.* ab. *m.*, STROUHAL in: Z. wiss. Zool., *v.* 133, p. 68. — 1929 *Porcellio (Porcellionides) p.* var. *epirotes*, STROUHAL in: ibid., p. 69. — 1929 *Porcellio (Porcellionides) p.* ab. *m.*, STROUHAL in: SB. Ges. Fr. Berlin, p. 46. — 1929 *Porcellio (Porcellionides) epirotes*, STROUHAL in: ibid., p. 46, f. 8, 9. — 1936 *Porcellio (Porcellionides) p. m.* + *p. epirotes*, STROUHAL in: SB. Ak. Wien, math.-naturw. Kl., *v.* 145 I, p. 167, 168. — 1936 *Porcellio (Porcellionides) p. m.* + *p. epirotes*, STROUHAL in: ibid., p. 197. — 1936 *Porcellio (Porcellionides) p. m.* + *p. epirotes*, STROUHAL in: Acta Inst. Mus. Zool. Univ. Athen., *v.* 1, p. 54, 55 61 79, 80, 81, f. 7—9. — 1937 *Porcellio (Porcellionides) p. m.* + *p. epirotes*, STROUHAL in: Zool. Anz., *v.* 117, p. 128. — 1937 *Porcellio (Porcellionides) p. m.* + *p. epirotes*, STROUHAL in: Acta Inst. Mus. Zool. Univ. Athen., *v.* 1, p. 218, 255, 256, 257, 260, 262. — 1938 *Porcellio (Porcellionides) p. m.* + *p. epirotes*, STROUHAL in: ibid., *v.* 2, p. 9, 26, 27. — 1939 *Porcellio (Porcellionides) p. m.* + *p. epirotes*, STROUHAL in: Verh. Ges. Wien, *v.* 88/89 (1938/39), p. 175, 176, 180. — 1940 *M. p. m.*, VERHOEFF in: Z. Morph. Ökol. Tiere. *v.* 37, p. 114. — 1942 *Porcellio p. m.*, STROUHAL in: Zool. Anz., *v.* 138, p. 148, 149. — 1952 *M. (M.) p. m.*, ARCANGELI in: Boll. Ist. Mus. Torino, *v.* 3 (1951/52), p. 15, 31. — 1954 *Porcellionides p. m.* + *p. epirotes*, STROUHAL in: SB. Österr. Ak., math.-naturw. Kl., *v.* 163 I, p. 592, 593. — 1962 *M. (M.) p.* var. *m.*, VANDEL in: Faune France, *v.* 66, p. 618, 619. — 1965 *M. (M.) p. m.* + *p. epirotes*, SCHMÖLZER in: Bestimmungsb. Bodenfauna Eur., pars 5, p. 198, 199.

Verbreitung. Ist mediterran und von Südfrankreich, Italien und der ganzen Balkanhalbinsel bekannt, u. a. auch vom griechischen Festland und Peloponnes, von den Ionischen Inseln Korfu, Levkas, Kalamos, Meganisi, Kephalonia und Zante und von einigen ägäischen Inseln.

Vorkommen auf Korfu: Korfu, Potamos (STROUHAL 1936a, c). — Weg Kassiopi—Pantokrator-Bergdörfer, 20. 4., an Steinmäuerchen in beweideten Olivenhainen, 1 ♂ (5,0 lg., 2,2 br.), leg. HAUSER.

M. (M.) p. var. *m.* ab. *corcyraeus* VERHOEFF, 1901

1901 *M. p. c.*, VERHOEFF in: Zool. Anz., *v.* 24, p. 72. — 1918 *Porcellio (M.) p. c.*, VERHOEFF in: Arch. Naturg., *v.* 82 A (1916), fasc. 10, p. 133, 141. — 1929 *Porcellio (Porcellionides) p.* ab. *c.*, STROUHAL in: Z. wiss. Zool., *v.* 133, p. 68, 69. — 1936 *Porcellio (Porcellionides) p. m.* ab. *c.*, STROUHAL in: SB. Ak. Wien, math.-naturw. Kl., *v.* 145 I, p. 167. — 1936 *Porcellio (Porcellionides) p. m.* ab. *c.*, STROUHAL in: Acta Inst. Mus. Zool. Univ. Athen., *v.* 1, p. 61, 80, 81. — 1939 *Porcellio (Porcellionides) p. m.* ab. *c.*, STROUHAL in: Verh. Ges. Wien, *v.* 88/89 (1938/39), p. 180. — 1940 *M. p. c.*, VERHOEFF in: Z. Morph. Ökol. Tiere, *v.* 37, p. 114. — 1954 *Porcellionides p. m.* ab. *c.*, STROUHAL in: SB. Österr. Ak., math.-naturw. Kl., *v.* 163 I, p. 592. — 1965 *M. (M.) p. m.* ab. *c.*, SCHMÖLZER in: Bestimmungsb. Bodenfauna Eur., pars 5, p. 198.

Verbreitung. Südherzegowina, Epirus, Nordpeloponnes und Ionische Inseln Korfu, Levkas, Kalamos, Kephalonia, Zante und Peluso.

Vorkommen auf Korfu: Ohne Ortsangabe (VERHOEFF 1901b). — Kassiopi (Nordkorfu), Olivenhaine, unter Steinen, 16. 4., 1 ♂ (4,7 lg., 2,0 br.), 3 ♀♀ (3,5—6,2 lg., 1,4—2,7 br.), 3 ♀♀ mit Eiern bzw. Embryonen (8,0—9,0 lg., 3,3—4,0 br.), leg. HAUSER. — Macchie westlich von Kassiopi, 17. 4., 1 ♂ (5,0 lg., 2,2 br.), 2 ♀♀ (6,7 und 8,4 lg., 3,0 und 3,3 br.), leg. HAUSER. — Weg Kassiopi—H. Spiridion, vornehmlich Olivenhaine, 2 ♀♀ (7,7 und 8,5 lg., 3,0 br.), leg. HAUSER. — Weg Kassiopi—Pantokrator-Höhlen, 19. 4., Garrigue, unter Steinen, 1 juven. ♀ (3,3 lg.), leg. HAUSER. — Weg Kassiopi—Pantokrator-Bergdörfer, 20. 4., an Steinmäuerchen in beweideten Olivenhainen, 1 ♀ (7,0 lg., 2,7 br.) und 4 ♀♀ mit

Eiern bzw. Embryonen im Marsupium (7,5—8,6 lg., 2,4—2,5 br.), leg. HAUSER. —
Kassiopi, 19. 4., Olivenhain unter Steinen, 1 ♂ (3,3 lg., 1,3 br.), leg. HAUSER. —
Weg Kassiopi — Lagune im NW der Insel, 21. 4., Macchie und Olivenhaine
abwechselnd, 1 ♀ (6,6 lg., 2,5 br.), Rücken einfarbig weißlichgelb, nur auf dem
Cephalothorax einige dunkle Strichel und Vorderscheitel angedunkelt, 4. Schaft-
glied der Antennen an der Basis und am Ende, 5. Glied an der Basis weiß aufgehellt,
leg. HAUSER. — Palaeokastriza, 22. 4., Olivenhain, unter Steinen, 1 ♀ nach
Halbhäutung (5,0 lg., 2,3 br.), leg. HAUSER.

M. (M.) p. var. *m.* ab. *marginatus* STROUHAL, 1954

1954 *Porcellionides p. m.* ab. *m.*, STROUHAL in: SB. Österr. Ak., math.-
naturw. Kl., *v.* 163 I, p. 592.

Verbreitung. Wurde vom Epirus (Platanusa, Kumsades) beschrieben und
konnte jetzt auch auf Korfu festgestellt werden.

Vorkommen auf Korfu: Macchie westlich von Kassiopi (Nordkorfu),
17. 4., 1 ♀ mit Eiern (7,4 lg., 3,2 br.), leg. HAUSER.

Genus *Agabiformius* VERHOEFF, 1908

1902 *Porcellio* (sect. *Agabiformes*), VERHOEFF in: Zool. Anz., *v.* 25, p. 255. —
1908 *Leptotrichus (A.)*, VERHOEFF in: Arch. Naturg., *v.* 74 I, fasc. 2, p. 182. —
1908 *A.*, VERHOEFF in: Arch. Biontol., *v.* 2, p. 369. — 1917 *Porcellio (A.)*, VERHOEFF
in: Jahresh. Ver. Württemb., *v.* 73, p. 163. — 1962 *A.*, VANDEL in: Faune France,
v. 66, p. 603, 638. — 1965 *A.*, SCHMÖLZER in: Bestimmungsb. Bodenfauna Eur.,
pars 5, p. 188, 203. — 1965 *A.*, STROUHAL in: Ann. Mus. Wien, *v.* 68 (1964), p. 618.
Die Gattung ist mediterranen Ursprungs.

Agabiformius lentus (BUDDE-LUND, 1885)

1885 *Oniscus (Lyprobius) l.*, BUDDE-LUND, Crust. Is. terr., p. 230. — 1901
Porcellio pseudopullus, VERHOEFF in: Zool. Anz., *v.* 24, p. 143. — 1902 *Porcellio*
(sect. *Agabiformes*) *pseudopullus*, VERHOEFF in: ibid., *v.* 25, p. 255. — 1908 *Leptotrichus (A.) corcyraeus + pseudopullus*, VERHOEFF in: Arch. Naturg., *v.* 74 I,
fasc. 2, p. 182. — 1908 *A. corcyraeus + pseudopullus*, VERHOEFF in: Arch. Biontol.,
v. 2, p. 369. — 1917 *Porcellio (A.) corcyraeus + pseudopullus*, VERHOEFF in:
Jahresh. Ver. Württemb., *v.* 73, p. 164. — 1929 *Porcellio (A.) l. + corcyraeus*,
STROUHAL in: Z. wiss. Zool., *v.* 133, p. 67. — 1929 *Porcellio (A.)* spec., STROUHAL
in: SB. Ges. Fr. Berlin, p. 44, f. 6, 7. — 1936 *Porcellio (A.) corcyraeus*, STROUHAL
in: SB. Ak. Wien, math.-naturw. Kl., *v.* 145 I, p. 168. — 1936 *Porcellio (A.)
corcyraeus*, STROUHAL in: Acta Inst. Mus. Zool. Univ. Athen., *v.* 1, p. 54, 55, 60, 83,
f. 10—12. — 1938 *Porcellio (A.) l. l. + l. corcyraeus*, STROUHAL in: ibid., *v.* 2, p. 9,
28, 54, 55. — 1939 *Porcellio (A.) l. l.*, STROUHAL in: Verh. Ges. Wien, *v.* 88/89
(1938/39), p. 175, 181. — 1939 *Porcellio (A.) l. corcyraeus*, STROUHAL in: ibid.,
p. 175, 181, 182. — 1941 *A. l. + corcyraeus*, VERHOEFF in: Rev. Fac. Sci. Univ.
Istanbul, s. B, *v.* 6, p. 237, 264. — 1941 *A. excavatus*, VERHOEFF in: ibid., p. 237,
264, f. 10. — 1952 *A. l. + corcyraeus*, ARCANGELI in: Boll. Ist. Mus. Torino, *v.* 3
(1951/52), p. 33. — 1952 *A. l.*, ARCANGELI in: Mem. Biogeograf. Adriatica, *v.* 2,
p. 134, 160, 163. — 1962 *A. l.*, VANDEL in: Faune France, *v.* 66, p. 640, f. 315, 316. —
1965 *A. l. + l. l. + l. corcyraeus*, SCHMÖLZER in: Bestimmungsb. Bodenfauna Eur.,
pars 5, p. 204, f. 731, 732. — 1965 *A. l.*, STROUHAL in: Ann. Mus. Wien, *v.* 68
(1964), p. 618, 619, 620, f. 7, *C.*

Verbreitung. *A. lentus* ist heute durch Verschleppung weltweit verbreitet. Die aber immer nur in einzelnen Stücken aufgefundene Spezies weist auch im Mediterrangebiet eine weite Verbreitung auf. Sie ist u. a. vom westlichen Südeuropa, von Italien, den Tremiti-Inseln, Sizilien, Dalmatien, Herzegowina, von den Ionischen Inseln Korfu, Levkas, Kephalonia und Zante, von Attika und vom Peloponnes, von einigen Inseln der Ägäis, von der Türkei, von Zypern, Libanon, Israel, Irak und Ägypten bekannt.

Vorkommen auf Korfu: Ohne Ortsangabe (VERHOEFF 1908a); Korfu-Lagune (STROUHAL 1936a, c). — Palaeokastriza, 22.4., Olivenhain, unter Steinen, 1 ♀ (4,4 lg., 2,3 br.), leg. HAUSER.

Genus *Porcellio* LATREILLE, 1804

1907 *P.* (part.), VERHOEFF in: SB. Ges. Fr. Berlin, p. 245. — 1938 *P.*, VERHOEFF in: Arch. Naturg., N. F., *v.* 7, p. 97. — 1951 *P.*, VANDEL in: Mém. Mus. Paris, n. s., s. A, Zool., *v.* 3, fasc. 2, p. 81. — 1962 *P.*, VANDEL in: Faune France, *v.* 66, p. 654. — 1965 *P.*, SCHMÖLZER in: Bestimmungsb. Bodenfauna Eur., pars 5, p. 188, 208.

Porcellio laevis LATREILLE, 1804

1896 *P. l.*, DOLLFUS in: Wiss. Mt. Bosn. Herc., *v.* 4, p. 586. — 1907 *P.* (*Mesoporcellio*) *l.*, VERHOEFF in: SB. Ges. Fr. Berlin, p. 272. — 1929 *P.* (*Mesoporcellio*) *l.*, STROUHAL in: Z. wiss. Zool., *v.* 133, p. 72. — 1936 *P.* (*Mesoporcellio*) *l. l.*, STROUHAL in: SB. Ak. Wien, math.-naturw. Kl., *v.* 145 I, p. 162. — 1936 *P.* (*Mesoporcellio*) *l.*, STROUHAL in: Acta Inst. Mus. Zool. Univ. Athen., *v.* 1, p. 53, 54, 55, 60, 75. — 1938 *P.* (*Mesoporcellio*) *l. l.*, STROUHAL in: ibid., *v.* 2, p. 8, 28, 54. — 1939 *P.* (*Mesoporcellio*) *l. l.*, STROUHAL in: Verh. Ges. Wien, *v.* 88/89 (1938/39), p. 175, 182. — 1940 *P. l.*, VERHOEFF in: Z. Morph. Ökol. Tiere, *v.* 37, p. 114. — 1942 *P. l. l.*, STROUHAL in: Zool. Anz., *v.* 138, p. 148. — 1951 *P. l.*, VANDEL in: Mém. Mus. Paris, n. s., s. A, Zool., *v.* 3, fasc. 2, p. 81. — 1952 *P.* (*P.*) *l.*, ARCANGELI in: Boll. Ist. Mus. Torino, *v.* 3 (1951/52), p. 12, 31. — 1954 *P.* (*Mesoporcellio*) *l. l.*, STROUHAL in: SB. Österr. Ak., math.-naturw. Kl., *v.* 163 I, p. 594. — 1955 *P.* (*P.*) *l.*, ARCANGELI in: Boll. Ist. Mus. Torino, *v.* 3 (1951/52), p. 12. — 1962 *P. l.*, VANDEL in: Faune France, *v.* 66, p. 684, f. 331, 332. — 1965 *P. l.*, SCHMÖLZER in: Bestimmungsb. Bodenfauna Eur., p. 218, f. 774. — 1967 *P. l.*, VERHOEFF in: Zool. Jahrb. Syst., *v.* 93, p. 492.

Die Untersuchung zahlreicher *laevis*-Männchen verschiedener Vorkommen im ostmediterranen Gebiet führte, worüber an anderer Stelle eingehend berichtet wird, zu dem Ergebnis, daß es sich bei der von VERHOEFF (1967, p. 492) beschriebenen Subspezies *vesaniae* nur um eine lediglich durch die hellen Flecken an der Basis der Pereionepimeren ausgezeichnete Färbungsvarietät handelt.

Verbreitung. Ist ein Kosmopolit und im Mediterrangebiet weit verbreitet während im westlichen Teil dieses Gebietes ausschließlich die typische Färbungsform ohne größere helle Flecke am Grunde der Pereionepimeren vorkommt, scheint im östlichen Teil die durch solche helle Flecke ausgezeichnete var. *vesaniae* VERHOEFF, 1967, vorherrschend zu sein. Die Art lebt auch auf den Ionischen

Inseln Korfu, Levkas, Meganisi, Kephalonia und Zante und auf dem diesen Inseln benachbarten Festlande, Albanien, Epirus, Peloponnes. Auf Korfu konnten beide Varietäten festgestellt werden.

Porcellio laevis var. *laevis* Latreille, 1804

1967 *P. l. s. str.*, Verhoeff in: Zool. Jahrb. Syst., *v.* 93, p. 492.

Vorkommen auf Korfu: Pantokratorgebirge-Nordabhang, in dolinenartiger Halbhöhle, ca. 400 m M.-H., 19. 4., 3 ♂♂ (12,8—15,0 lg., 6,7—7,3 br.), 1 ♀ (12,8 lg., 6,7 br.), 1 jugendl. ♀ (7,7 lg.), leg. Hauser.

Porcellio laevis var. *vesaniae* Verhoeff, 1967 (Abb. 18 u. 19)

1929 *P.* (*Mesoporcellio*) *l.* (part.), Strouhal in: Z. wiss. Zool., *v.* 133, p. 72. — 1936 *P.* (*Mesoporcellio*) *l. l.*, Strouhal in: SB. Ak. Wien, math.-naturw. Kl., *v.* 145 I, p. 162. — 1936 *P.* (*Mesoporcellio*) *l. l.*, Strouhal in: Acta Inst. Mus. Zool. Univ. Athen., *v.* 1, p. 75. — 1967 *P. l. v.*, Verhoeff in: Zool. Jahrb. Syst., *v.* 93, p. 492.

Die Trachealfeldleiste am 1. Pleopoden-Exopoditen des Männchens (Abb. 18) hört distal bei einem beträchtlichen Abstand vom Außenrand auf und besitzt nur in Form eines Fältchens eine Fortsetzung bis zum Außenrande. Am 2. Pleopoden-Exopoditen des Männchens (Abb. 19) läuft die Leiste distal im Bogen bis zum Außenrande, um dann basalwärts gerichtet in den Rand einzumünden.

Verbreitung. Bisher bekannt von Süddalmatien, Korfu, Levkas, Mittelgriechenland, Südanatolien, Zypern, Israel, Irak.

Vorkommen auf Korfu: Ohne nähere Ortsangabe, leg. Hetschko (Strouhal 1929), Korfu und Potamos (Strouhal 1936a, c).

Von folgendem auf Korfu festgestellten Vorkommen läßt sich heute nicht mehr ermitteln, welcher Färbungsform es angehört: Ohne nähere Ortsangabe (Dollfus 1896).

Porcellio achilleionensis Verhoeff, 1901

1901 *P. laevis A.*, Verhoeff in: Zool. Anz., *v.* 24, p. 404. — 1907 *P.* (*Euporcellio*) *a.*, Verhoeff in: SB. Ges. Fr. Berlin, p. 271. — 1908 *P. a.*, Verhoeff in: Zool. Jahrb. Syst., *v.* 26, p. 280. — 1908 *P.* (*Euporcellio*) *a.*, Verhoeff in: Arch. Biontol., *v.* 2, p. 365. — 1910 *P.* (*Euporcellio*) *a.*, Verhoeff in: Jahresh. Ver. Württemb., p. 138. — 1928 *P.* (*Mesoporcellio*) *a.*, Verhoeff in: Zool. Jahrb. Syst., *v.* 56, p. 150, 151, f. 59, 60. — 1928 *P.* (*Euporcellio*) *a.*, Strouhal in: SB. Ak. Wien, math.-naturw. Kl., *v.* 137 I, p. 796. — 1929 *P.* (*Euporcellio*) *a.*, Strouhal in: Z. wiss. Zool., *v.* 133, p. 81. — 1936 *P.* (*Euporcellio*) *a.*, Strouhal in: SB. Ak. Wien, math.-naturw. Kl., *v.* 145 I, p. 162, 163, f. 15, 16. — 1936 *P.* (*Euporcellio*) *a.*, Strouhal in: Acta Inst. Mus. Zool. Univ. Athen., *v.* 1, p. 53, 54, 62, 77. — 1938 *P.* (*P.* sect. *Mesoporcellio*) *a.*, Verhoeff in: Arch. Naturg., N. F., *v.* 7, p. 107, 119, f. 3, 13. — 1939 *P. a.*, Strouhal in: Verh. Ges. Wien, *v.* 88/89 (1938/39), p. 176. —

1940 *P. a.*, VERHOEFF in: Z. Morph. Ökol. Tiere, *v.* 37, p. 114. — 1952 *P.* (*P.*) *a.*, ARCANGELI in: Boll. Ist. Mus. Torino, *v.* 3 (1951/52), p. 13, 31. — 1954 *P.* (*P.*) *a.*, STROUHAL in: SB. Österr. Ak., math.-naturw. Kl., *v.* 163 I, p. 595. — 1965 *P. a. a.*, SCHMÖLZER in: Bestimmungsb. Bodenfauna Eur., pars 5, p. 224, f. 806—808.

Männchen dunkler, oben fast schwarz, nur beiderseits der Mitte schwach hell gestrichelt und vorn am Grunde der Epimeren des 2.—5. Pereiontergits ein kleiner heller Fleck. Weibchen auf dem Rücken gelblichbraun bis schwarzbraun, gelblich gefleckt, oder auf gelblichem Grunde braun gesprenkelt, bei manchen die Epimeren etwas heller als die Tergitmitte; zuweilen der Kopf dunkler.

Bei geschlechtsreifen Weibchen füllt sich der Brutraum mit zahlreichen Eiern; beim Heranwachsen der Embryonen wölbt sich dann das Marsupium nach unten stark vor.

Verbreitung. Albanien (ARCANGELI 1952b), Korfu und Levkas (S. Maura) (VERHOEFF 1901d, 1907b, STROUHAL 1928b, 1929a, 1936a, c, 1939, 1954). Der von VERHOEFF (1907b) auch für Mittelgriechenland angegebene *achilleionensis* gehört vielleicht zu *Porcellio epirensis* STROUH. (STROUHAL 1954).

Vorkommen auf Korfu: Ohne Ortsangabe (VERHOEFF 1901d, 1907b, 1908a); Ipsos am Fuß des Pantokrator (STROUHAL 1954); Hagios Mathias (STROUHAL 1929a, 1936a, c); Spartilla, Gasturi (STROUHAL 1936a, c). — Macchie westlich Kassiopi, 17. 4., 1 ♂ (10,0 lg., 4,4 br.), 5 ♀♀ mit Embryonen (11,5—13,5 lg., 5,2—6,3 br.), schlüpfreife Larven I (2,1—2,2 lg.), leg. HAUSER. — Kap Kassiopi, 17. 4., an Steinmäuerchen inmitten von durch Schafe beweideten Wiesen, 2 ♀♀ mit zahlreichen Embryonen im Marsupium, das nach unten stark vorgewölbt ist (13,0 und 13,6 lg., 6,1 und 6,3 br.), leg. HAUSER. — Weg Kassiopi— H. Spiridion, 18. 4., vornehmlich Olivenhaine, 1 ♀ mit Embryonen (13,0 lg., 5,8 br.), leg. HAUSER. — Kassiopi, 19. 4., Olivenhain, unter Steinen, 3 ♀♀ mit Eiern bzw. Embryonen im Brutraum (13,0—15,0 lg., 6,5—6,6 br.), leg. HAUSER. — Weg Kassiopi—Pantokrator-Höhlen, 19. 4., Garrigue, unter Steinen, 3 ♀♀ mit Eiern im Marsupium (12,3—14,0 lg., 5,8—6,5 br.), leg. HAUSER. — Weg Kassiopi—Pantokrator-Bergdörfer, 20. 4., an Steinmäuerchen in beweideten Olivenhainen, 1 ♀ mit Eiern im Marsupium (14,5 lg., 7,4 br.), leg. HAUSER.

Porcellio achilleionensis ab. *flavomarginatus* STROUHAL, 1936

1936 *P.* (*Euporcellio*) *a.* ab. *f.*, STROUHAL in: SB. Ak. Wien, math.-naturw. Kl., *v.* 145 I, p. 162. — 1936 *P.* (*Euporcellio*) *a.* ab. *f.*, STROUHAL in: Acta Inst. Mus. Zool. Univ. Athen., *v.* 1, p. 62, 77. — 1965 *P. a.* ab. *f.*, SCHMÖLZER in: Bestimmungsb. Bodenfauna Eur., pars 5, p. 224.

Epimeren, Neopleuren, Uropoden und zuweilen die Telsonspitze gelb.

Verbreitung. Wurde bisher nur auf Korfu festgestellt.

Vorkommen auf Korfu: Spartilla, Hagios Mathias (STROUHAL 1936a, c). — Macchie westlich Kassiopi, 17. 4., 1 ♀ mit Embryonen (12,2 lg., 6,0 br.), leg. HAUSER. — Weg Kassiopi—Pantokrator-Höhlen, 19. 4., Garrigue, unter Steinen, 1 ♂ (8,3 lg., 4,2 br.), leg. HAUSER.

Porcellio obsoletus BUDDE-LUND, (1879) 1885

1879 *P. o.*, BUDDE-LUND, Prosp. Is. Terr., p. 3. — 1885 *P. (P.) o.*, BUDDE-LUND, Crust. Is. terr., p. 116. — 1896 *P. o.*, DOLLFUS in: Wiss. Mt. Bosn. Herc., v. 4, p. 585. — 1896 *P. o.*, BUDDE-LUND in: Arch. Naturg., v. 62 I, p. 40. — 1907 *P. (Euporcellio) o.*, VERHOEFF in: SB. Ges. Fr. Berlin, p. 270. — 1908 *P. o.*, ROGEN-HOFER in: Mt. Ver. Univ. Wien, p. 120, 121. — 1910 *P. (Euporcellio) o.*, VERHOEFF in: Jahresh. Ver. Württemb., p. 137. — 1913 *P. sordidus*, ARCANGELI in: Monit. Zool. Ital., v. 24, p. 187. — 1913 *P. sordidus*, ARCANGELI in: Atti Soc. Ital. Mus. Milano, v. 52, p. 475. — 1917 *P. (Euporcellio) o.*, VERHOEFF in: SB. Ges. Fr. Berlin, p. 214. — 1926 *P. o.* + *sordidus*, ARCANGELI in: Atti Mus. Trieste, v. 11, p. 15. — 1928 *P. (Euporcellio) o.*, STROUHAL in: SB. Ak. Wien, math.-naturw. Kl., v. 137 I, p. 796. — 1929 *P. (Euporcellio) o.*, STROUHAL in: Z. wiss. Zool., v. 133, p. 80. — 1929 *P. (Euporcellio) o.*, STROUHAL in: SB. Ges. Fr. Berlin, p. 53. — 1931 *P. o.*, VERHOEFF in: Z. Morph. Ökol. Tiere, v. 22, p. 237. — 1936 *P. (Euporcellio) o.*, STROUHAL in: SB. Ak. Wien, math.-naturw. Kl., v. 145 I, p. 162, 198. — 1936 *P. (Euporcellio) o.*, STROUHAL in: Acta Inst. Mus. Zool. Univ. Athen., v. 1, p. 53, 55, 62, 76. — 1937 *P. o.*, STROUHAL in: SB. Ak. Wien, math.-naturw. Kl., v. 146 I, p. 62, 64. — 1937 *P. (Euporcellio) o.*, STROUHAL in: Acta Inst. Mus. Zool. Univ. Athen., v. 1, p. 215, 255, 258, 260, 262. — 1938 *P. (Euporcellio) o.*, STROUHAL in: ibid., v. 2, p. 10, 31. — 1939 *P. o.*, STROUHAL in: Verh. Ges. Wien, v. 88/89 (1938/39), p. 176. — 1940 *P. o.*, VERHOEFF in: Z. Morph. Ökol. Tiere, v. 37, p. 114. — 1942 *P. o.*, STROUHAL in: Zool. Anz., v. 138, p. 148. — 1954 *P. (P.) o.*, STROUHAL in: SB. Österr. Ak., math.-naturw. Kl., v. 163 I, p. 594. — 1962 *P. o.*, VANDEL in: Faune France, v. 66, p. 659. — 1965 *P. o.*, SCHMÖLZER in: Bestimmungsb. Bodenfauna Eur., pars 5, p. 225.

Verbreitung. Diese ostmediterrane Art ist vornehmlich in Dalmatien, auf dem griechischen Festlande und Peloponnes und auf den Ionischen und Ägäischen Inseln verbreitet und kommt ferner in Italien, Istrien, in der Herzegowina und europäischen Türkei, in Kleinasien, Zypern und Libanon vor. Sie läßt eine Anzahl Subspezies unterscheiden; auf den Ionischen Inseln Korfu, Levkas, Kephalonia und auf dem Epirus wurde *obsoletus* s. str. festgestellt.

Vorkommen auf Korfu: Ohne Ortsangabe (STROUHAL 1929a); Kalichiopoulo (DOLLFUS 1896).

Porcellio lamellatus sphinx f. *sphinx* VERHOEFF, 1931 (Abb. 20 u. 21)

1901 *P. Moebiusii*, VERHOEFF in: Zool. Anz., v. 24, p. 38. — 1906 *P. Diomedus*, DOLLFUS in: Feuille Natural., v. 27 (1906/07), p. 32, 33, f. *A—C.* — 1907 *P. (Nasigerio) l.* (part.) + *moebiusi*, VERHOEFF in: SB. Ges. Fr. Berlin, p. 250. — 1908 *P. (Nasigerio) gerstaeckeri (gerstäckeri)* + *moebiusi*, VERHOEFF in: Arch. Biontol., v. 2, p. 361. — 1913 *P. Diomedus*, ARCANGELI in: Monit. zool. Ital., v. 24, p. 197. — 1917 *P. (Haloporcellio) l.* (part.) + *moebiusii* + *gerstäckeri*, VERHOEFF in: Jahresh. Ver. Württemb., v. 73, p. 170. — 1929 *Haloporcellio moebiusi* + *gerstäckeri*, VERHOEFF in: Mt. nat. Inst. Sofia, v. 2, p. 129, 130. — 1931 *P. (Haloporcellio) s.* var. *s.* + *s.* var. *reniformis* + *moebiusi* + *gerstäckeri*, VERHOEFF in: Zool. Jahrb. Syst., v. 60, p. 535, 536, f. 15, 16, 25. — 1939 *P. (Haloporcellio) moebiusi* + *gerstaeckeri*, STROUHAL in: Verh. Ges. Wien, v. 88/89 (1938/39), p. 175, 182. — 1955 *Haloporcellio pyrenaicus*, SCHMÖLZER in: Zool. Anz., v. 154, p. 33. — 1957 *P. l. s.* f. *s.*, VANDEL in: Bull. Soc. zool. France, v. 81 (1956), p. 368. — 1962 *P. l. s.* f. *s.*, VANDEL in: Faune France, v. 66, p. 744. — 1965 *Haloporcellio l. moebiusi* (part.) + *l. s.* + var. *s.* + var. *reniformis* + *l. pyrenaicus*, SCHMÖLZER in: Bestimmungsb. Bodenfauna Eur., pars 5, p. 244, 245, f. 932, 933.

Die große Variabilität in der Ausbildung vor allem des Kopfmittellappens, aber auch der Epimerendrüsen und der Rückenhöckerung bei *P. lamellatus* BUDDE-LUND (1885, p. 127, 304) führte im Laufe der Zeit zur Aufstellung zahlreicher Arten, Varietäten und Formen. Wollte man diesen Weg weiterschreiten, würde er ins Uferlose führen. VANDEL hat nun (1957, p. 367, 1962, p. 742) die Hauptformen ermittelt und in einer analytischen Tabelle eine durchaus akzeptable Übersicht über sie geschaffen, die auch im Einklang mit der geographischen Verbreitung der unterschiedenen Subspezies und Formen steht.

Eine eingehendere Beschreibung der jetzt auf Korfu nachgewiesenen *lamellatus*-Form soll die Möglichkeit bieten, sie mit Formen anderer Herkunft vergleichen zu können.

Der Kopfmittellappen (Abb. 20 und 21) zweidrittelmal so breit wie lang, sehr stark aufgerichtet, schließt mit der vordersten Scheitelfläche einen breit abgerundeten rechten Winkel ein. An den breit abgerundeten Vorderecken ist der Mittellappen stärker aufgekrempt als an der Basis. Der Vorderrand ist in der Mitte abgerundet-stumpfwinklig vorgezogen. Oben ist der Lappen ziemlich ausgehöhlt. An seiner Vorderseite, in der Mitte, knapp unterhalb des Oberrandes, springt ein flacher Längshöcker vor.

Die Kopfseitenlappen sind zweidrittelmal so breit wie der Mittellappen, nur etwas länger als breit, kaum aufgerichtet, schräg nach vorn und außen gerichtet, am Ende schwach nach außen gebogen; der Innenrand zieht im flachen Bogen zum abgerundetschräg abgestutzten Vorderrand, der Außenrand ist schwach eingebuchtet. Vorn ist der Rand aufgekrempt, oben der Lappen löffelartig ausgehöhlt. Zwischen Mittel- und Seitenlappen tiefe, abgerundete Buchten, die etwa ein Viertel so breit sind wie der mittlere Lappen.

Ein Auge besteht aus 23 Ommatidien. 3.—5. Schaftglied der Antennen längsgefurcht, 2. Glied innen hinter der Mitte zahnartig vorspringend, 2. und 3. Glied distal, oben und außen, mit Zahn, 4. Glied oben und außen mit vorgezogener abgerundeter Ecke. 2. Geißelglied etwa eineinhalbmal so lang wie das erste.

Die abgerundet-spitzwinkligen Vorderzipfel der 1. Pereionepimeren deutlich aufgekrempt, erstrecken sich nach vorn bis über die Mitte der Augen. Hinterrand des 1.—3. Pereiontergits jederseits nur ganz flach eingebuchtet. Die abgerundet-fast rechtwinkligen Hinterecken des 1. Tergits ragen nicht zipfelig nach hinten vor. Die Hinterecken des 2. Tergits schwach zipfelig, abgerundet-spitzwinklig, die des 3.—7. Tergits spitzwinklig. Hinterrand der Protergite II—VII an den seitlichen Enden mit einem kleinen Zähnchen. Drüsenporen auf den Pereionepimeren sind nicht vorhanden.

Telson am Grunde eineinhalbmal so breit wie lang, an den Seiten abgerundet-stumpfwinklig eingebuchtet, der Seitenrand basal gebogen, distal der Einbuchtung gerade; oben in der Mitte mit einer flachen Längsvertiefung. Die spitzwinkligen Hinterzipfel der Pleuren des 5. Pleontergits ragen etwas über den queren, wenig gebogenen Hinterrand der Uropoden-Protopoditen, deren Außenrand flach eingebuchtet und die äußeren Hinterecken abgerundet-rechtwinklig sind. Die Telsonspitze ragt weiter vor als die Hinterzipfel der 5. Pleuren, und zwar nicht ganz bis zur Mitte der Uropoden-Exopoditen. Diese sind fast dreimal so lang wie breit, deutlich länger als die Protopoditen und haben ein abgerundet-spitzes Ende mit geschweiftem Innenrand.

Der Rücken ist bis auf die Außenhälfte der Pereionepimeren und die Pleonpleuren kräftig gehöckert. Telson basal nur mit Körnchenspuren. Auf dem Cephalothorax springen die Höcker, ausgenommen die des Hinterrandes, zapfenartig vor (Abb. 21); sie sind in etwa vier Querreihen angeordnet. Auf dem 1. Pereiontergit, vor der Hinterrandreihe, drei Querreihen von Höckern, auf dem 2. und 3. Tergit zwei, auf dem 4.—7. Tergit eine Querreihe, vor der auf den hinteren vier Tergiten, besonders an den Seiten, noch einige kleine Körner hinzutreten. Auf den vorderen drei Tergiten sind die Hinterrandkörner kleiner als die vor ihnen befindlichen auf der Tergitmitte, auf den hinteren drei Tergiten ragen die Hinterrandkörner sägezähnig über den Rand vor. Pleontergite nur mit Körnern am Hinterrande, die ebenfalls zahnartig vorspringen.

Auf weißlichgelbem Grund bräunlich gezeichnet, was dadurch zustande kommt, daß die ursprünglich dunkle Grundfarbe gegen die weißliche Fleckenzeichnung weitgehend zurücktritt. So zeigt der Cephalothorax oben noch auf dunklem Grund reichlich kleine, helle Flecke, die jedoch in der Mitte hinten zusammengeflossen sind. Die Stirnplatte ist noch bis auf das helle Rändchen sowohl auf der Vorder- als auch Hinterseite ganz schwärzlichbraun, die Seitenlappen sind nur oben an der Basis angedunkelt. Die Pereiontergite sind vorwiegend hell, nur am Hinterrande findet sich ein schmaler, dunkler Querstreifen, am Grunde der Epimeren hinten ein dreieckiger dunkler Fleck; angedunkelt sind ferner die meisten Höcker. An den hinteren drei Tergiten ist außerdem jederseits die helle Fleckung auf dunklem Grunde angedeutet. Sonst sind die Pereionepimeren aufgehellt. Die Pleontergite, vor allem die drei hinteren, in der Mitte, bis auf den hellen Hinterrand, braun;

am Hinterrande der Basis der im übrigen aufgehellten Pleuren ein dunkler Längsstreifen. Telson in der Mitte angedunkelt. Antennenglieder schwach pigmentiert, mit hellen Rändern. Unterseite des Körpers und die Pereio- und Pleopoden pigmentlos.

P. lamellatus sphinx f. *sphinx* erinnert etwas an den vom Panachaikon aus 1200 m M.-H., Nordpeloponnes, beschriebenen, kontinentalen *P. nasutus* (STROUHAL 1936a, p. 165, f. 17—20, 1938, p. 11, 32), der sich jedoch in vieler Hinsicht von ihm unterscheidet:

1. Der mittlere Kopflappen ist nur wenig aufgerichtet.

2. Zwischen den Kopflappen abgerundet-rechtwinklige Buchten.

3. Die Zahl der ein Auge zusammensetzenden Ommen ist kleiner und beträgt 17.

4. Der Hinterrand des 1. Pereiontergits ist an den Seiten kräftig eingebuchtet, die Epimeren haben nach hinten vorspringende Hinterzipfel.

5. Die Uropoden-Exopoditen sind nur etwa doppelt so lang wie breit.

6. Der Cephalothorax ist deutlich schwächer gehöckert, die Höcker sind nicht zapfenförmig. Am Hinterrand des 5.—7. Pereiontergits und der Pleontergite ragen die Höcker nicht sägezahnartig über den Rand vor.

SCHMÖLZER (1965, p. 218) hält übrigens die Zugehörigkeit des *P. nasutus* zur *flavomarginatus*-Gruppe für sehr wahrscheinlich, dem aber nicht zugestimmt werden kann. 1955 (p. 314) führte SCHMÖLZER für diese Art auch einige Fundorte in Südspanien an, was aber dann 1965 korrigiert wurde.

Verbreitung. *P. lamellatus* B.-L. (BUDDE-LUND 1885, p. 127, 304, VANDEL 1962, p. 741, f. 357) ist der einzige Vertreter der halophilen *Porcellio*-Gruppe. Sein Verbreitungsgebiet erstreckt sich von den ostatlantischen Inseln, einschließlich der Südwestfrankreich vorgelagerten, über die Küsten von Marokko, Westalgerien, Portugal und Andalusien (*lamellatus lamellatus* f. *oceanicus* LEGRAND, 1954), Ostalgerien und Tunis (*l. l.* f. *algerinus* VANDEL, 1957), Ostspanien, Südfrankreich, Italien, Korsika, Ostsizilien, Tremiti-Insel San Domino, Jugoslawien (südl. Rovinj, Omblaufer bei Dubrovnik) bis zu den Ionischen Inseln Korfu, Zante, Peluso (*l. sphinx* f. *sphinx* VERHOEFF, 1931, und der von Toskana beschriebene *l. sphinx* f. *claviger* VERHOEFF, 1931). Abgesondert vom ostatlantisch-westmediterranen Gebiet ist das Vorkommen an der Küste Bulgariens und der Halbinsel Krim (*l. l.* f. *ferdinandi* VERHOEFF, 1929 = ? *l. l.* f. *lamellatus* BUDDE-LUND). Vorkommen auf Korfu: Weg Kassiopi—Lagune im NW der Insel, 21. 4., Macchie mit Olivenhainen abwechselnd, 1 ♀ (7,9 lg., 3,8 br., am breitesten in der Gegend des 4. Pereiontergits), leg. HAUSER. Neu für Korfu.

Fam. Armadillidiidae BRANDT, 1833[20]

Genus *Armadillidium* BRANDT, 1833

1907 *A.* (*A.*), VERHOEFF in: Zool. Anz., *v.* 31, p. 457. — 1927 *A.* + *A.* (*A.*), STROUHAL in: ibid., *v.* 74, p. 5, 9. — 1931 *A.*, VERHOEFF in: Zool. Jahrb. Syst., *v.* 60, p. 491. — 1936 *A.* (*A.*), STROUHAL in: Acta Inst. Mus. Zool. Univ. Athen., *v.* 1, p. 106. — 1962 *A.*, VANDEL in: Faune France, *v.* 66, p. 769. — 1965 *A.*, SCHMÖLZER in: Bestimmungsb. Bodenfauna Eur., pars 5, p. 303, 312.

nasatum-Gruppe

Armadillidium pallasii frontirostre BUDDE-LUND, (1879) 1885

1876 *A. granulatum*, VOGL in: Verh. Ges. Wien, *v.* 25 (1875), Abh. p. 509, t. 11, f. 3. — 1879 *A. f.*, BUDDE-LUND, Prosp. Is. Terr., p. 6. — 1885 *A. f.* (part.), BUDDE-LUND, Crust. Is. terr., p. 52. — 1927 *A.* (*A.*) *f.*, STROUHAL in: Zool. Anz., *v.* 74, p. 13. — 1928 *A.* (*A.*) *p. f.*, STROUHAL in: ibid., *v.* 76, p. 189, 190, 192, f. 1, 3—5. — 1929 *A.* (*A.*) *p. f.*, STROUHAL in: Z. wiss. Zool., *v.* 133, p. 91. — 1936 *A.* (*A.*) *p. f.*, STROUHAL in: Acta Inst. Mus. Zool. Univ. Athen., *v.* 1, p. 93. — 1940 *A. f.*, VERHOEFF in: Z. Morph. Ökol. Tiere, *v.* 37, p. 114. — 1952 *A.* (*A.*) *P. f.*, ARCANGELI in: Mem. Biogeograf. Adriatica, *v.* 2, p. 121, 160, 163. — 1965 *A.* (*A.*) *p. f.* + *p. f. f.*, SCHMÖLZER in: Bestimmungsb. Bodenfauna Eur., pars 5, p. 321, f. 1306, 1307.

Stirnplatte des jugendlichen Männchens noch zweieinhalbmal so breit wie lang. Ein von Vipava (Wippach) in Slowenien stammendes, zum Vergleich herangezogenes Männchen (8,0 lg.) besitzt eine Stirnplatte, die sogar noch fast dreimal so breit wie lang ist.

Verbreitung. Die Subspezies *frontirostre* der im wesentlichen sublitoralen nordostmediterranen Art *pallasii* BRDT. ist im Gebiet der Adria verbreitet. Das von v. VOGL (1876) von Korfu erwähnte *A. granulatum* ist nach der Beschreibung und Abbildung ein *frontirostre*. Sein Vorkommen auf Korfu wird nunmehr bestätigt.

Vorkommen auf Korfu: Ohne nähere Ortsangabe (VOGL 1876). — Kap Kassiopi (Nordkorfu), 17. 4., an Steinmäuerchen in von Schafen beweideten Wiesen, 1 juven. ♂ (7,0 lg.), leg. HAUSER.

[20] In der alten Sammlung des Wiener Naturhistorischen Museums fanden sich drei im Jahre 1894 akquirierte Weibchen von *Schizidium oertzenii* B.-L. vor, die offenbar von BUDDE-LUND selbst als „*Armadillidium latifrons* B.-L., n. sp." bezeichnet worden sind. Auf einem diesen Asseln beigegebenen Zettel ist das Vorkommen „Dalmatien, Rhodus, Corfu, Syra?" vermerkt, was zumindest für Dalmatien und Korfu nicht zutrifft (STROUHAL 1929a, p. 112). Diese wahrscheinlich auch von Dr. ROBERT LATZEL erworbenen Tiere (siehe Einleitung zu dieser Abhandlung) dürften seinerzeit ebenfalls von JOSEF ERBER gesammelt worden sein.

Armadillidium albanicum Verhoeff, 1901

1876 *A. astriger*, Vogl in: Verh. Ges. Wien, *v.* 25 (1875), Abh. p. 513, t. 12, f. 5. — 1885 *A. astriger* (part.), Budde-Lund, Crust. Is. terr., p. 56. — 1901 *A. (A.) a.,* Verhoeff in: Zool. Anz., *v.* 24, p. 37. — 1902 *A. (A.) a.,* Verhoeff in: ibid., p. 245. — 1907 *A. (A.) a.,* Verhoeff in: ibid., *v.* 31, p. 468. — 1908 *A. (A.) a.,* Verhoeff in: ibid., *v.* 33, p. 454. — 1927 *A. (A.) a.,* Strouhal in: ibid., *v.* 74, p. 15. — 1928 *A. (A.) a.,* Strouhal in: ibid., *v.* 76, p. 196. — 1929 *A. (A.) a.,* Strouhal in: Z. wiss. Zool., *v.* 133, p. 91. — 1936 *A. (A.) a.,* Strouhal in: Acta Inst. Mus. Zool. Univ. Athen., *v.* 1, p. 54, 64, 92, f. 13. — 1937 *A. (A.) a.,* Strouhal in: Zool. Anz., *v.* 117, p. 128. — 1937 *A. (A.) a.,* Strouhal in: SB. Ak. Wien, math.-naturw. Kl., *v.* 146 I, p. 47, 62. — 1939 *A. a.,* Strouhal in: Verh. Ges. Wien, *v.* 88/89 (1938/39), p. 177. — 1940 *A. a.,* Verhoeff in: Z. Morph. Ökol. Tiere, *v.* 37, p. 114. — 1952 *A. (A.) a.,* Arcangeli in: Boll. Ist. Mus. Torino, *v.* 3 (1951/52), p. 8, 31. — 1965 *A. (A.) a.,* Schmölzer in: Bestimmungsb. Bodenfauna Eur., pars 5, p. 320, 324, 354.

Verbreitung. Süddalmatien (Halbinsel Sabbioncello); Albanien (Avlona); Korfu. Die 1928 (p. 201) zum Ausdruck gebrachte Ansicht, daß *Armadillidium klugii* Brdt. in Albanien, von wo es Budde-Lund (1896, p. 40) und Dollfus (1896, p. 583) angegeben haben, nicht vorkommt, hat sich nicht bewahrheitet. 1952 (p. 10) bestätigte Arcangeli das Vorkommen dieser Art sowie des *A. albanicum* in Albanien, im Gebiet von Avlona (p. 8).

Vorkommen auf Korfu: Ohne Ortsangabe (Vogl 1876, Verhoeff 1901a, Strouhal 1928a); Hagios Mathias (Strouhal 1929a, 1936c); Gasturi (Strouhal 1936c, 1937b).

werneri-Gruppe

Armadillidium werneri Strouhal, 1927 (Abb. 22)

? 1896 *A. Klugii* (part., Korfu), Dollfus in: Wiss. Mt. Bosn. Herc., *v.* 4, p. 583. — 1927 *A. (A.) w.,* Strouhal in: Zool. Anz., *v.* 74, p. 6, 19, f. 11, 12, 14—17, 34. — 1929 *A. (A.) w.,* Strouhal in: Z. wiss. Zool., *v.* 133, p. 62, 91. — 1936 *A. (Marginiferum) w.,* Arcangeli in: Boll. Mus. Torino, *v.* 45 (1935/36), s. 3, nr. 66, p. 263. — 1936 *A. (A.) w.,* Strouhal in: Acta Inst. Mus. Zool. Univ. Athen., *v.* 1, p. 54, 55, 66, 96. — 1937 *A. (A.) w.,* Strouhal in: SB. Ak. Wien, math.-naturw. Kl., *v.* 146 I, p. 48, 62. — 1939 *A. w.,* Strouhal in: Verh. Ges. Wien, *v.* 88/89 (1938/39), p. 177. — 1940 *A. w.,* Verhoeff in: Z. Morph. Ökol. Tiere, *v.* 37, p. 114. — 1956 *A. (A.) w.,* Strouhal in: SB. Österr. Ak., math.-naturw. Kl., *v.* 165 I, p. 590. — 1965 *A. (A.) w. + w. w.,* Schmölzer in: Bestimmungsb. Bodenfauna Eur., pars 5, p. 314, f. 1268.

Am breitesten in der Gegend des 2. Pereionsegments.

Der obere Rand der Stirnplatte und die zu seitlichen Lappen nach oben ebensoweit wie der Mittellappen vorgezogenen Seitenkanten der Stirn verlaufen im allgemeinen gerade (Abb. 22) und nicht im Bogen, wie es beim Typus der Fall ist (Strouhal 1927, f. 11). Nur an den Seiten sind die Seitenlappen abgerundet und fallen schräg ab, außen steiler, innen weniger steil; vor der äußeren Rundung weist der Rand eine kleine Einbuchtung auf, in Anpassung an die in die Ruhestellung gebrachten Antennen.

In der Färbung und Zeichnung des Rückens, gelbe Fleckenreihen auf dunklem Grund und breite gelbe Epimeren, dem *A. albanicum* recht ähnlich, doch leicht von diesem zu unterscheiden durch die lappig vorgezogenen Seitenkanten der Stirn, die etwa so weit wie die Stirnplatte vorragen, und durch die höchstens in Spuren vorhandenen Körner auf den Pereionepimeren. Bei *albanicum* ragt die Stirnplatte noch weiter vor und die Stirnseitenkanten sind nicht besonders vorgezogen, die Rückenmitte ist deutlich, wenn auch nicht stark gekörnt.

Verbreitung. Lag zuerst von Kephalonia vor, später wurde es auf Korfu festgestellt. Das Vorkommen auf Kephalonia bedarf jedoch noch der Bestätigung. Das von DOLLFUS (1896, p. 583) angeführte Vorkommen des *A. klugii* BRDT. auch auf Korfu geht sehr wahrscheinlich auf eine Verwechslung mit dem ihm ähnlich gefärbten und gefleckten *A. werneri* zurück (vgl. STROUHAL 1928a, p. 202).

Vorkommen auf Korfu: ? Kalichiopoulo (DOLLFUS 1896); Spartilla (STROUHAL 1936c, 1937b); Palaeokastriza, Ipsos (STROUHAL 1956). — Macchie westlich von Kassiopi (Nordkorfu), 17. 4., 1 ♂ (15,0 lg., 8,9 br.), leg. HAUSER. — Kap Kassiopi, 17. 4., an Steinmäuerchen in von Schafen beweideten Wiesen, 1 ♂ (8,3 leg., 4,5 br.), leg. HAUSER. — Weg Kassiopi—H. Spiridion, 18. 4., meist Olivenhaine, 1 ♂ (15,4 lg., 7,6 br.), 2 ♀♀ (14,0 und 15,2 lg., 6,9 und 7,9 br.), leg. HAUSER. — Weg Kassiopi—Pantokrator-Höhlen, 19. 4., Garrigue, unter Steinen, 1 ♂ (17,2 lg., 9,2 br.), 2 ♀♀ (16,0 und 21,0 lg., 8,6 und 11,0 br.), leg. HAUSER. — Palaeokastriza, 22. 4., Olivenhain, unter Steinen, 1 halbwüchsiges ♀ (7,7 lg.), einschließlich der Augen pigmentlos, vermutlich kurz nach der Häutung, leg. HAUSER.

A. w. ab. *obscurum* STROUHAL, 1927

1927 *A. (A.) w.* ab. *o.*, STROUHAL in: Zool. Anz., *v.* 74, p. 20. — 1929 *A. (A.) w.* ab. *o.*, STROUHAL in: Z. wiss. Zool., *v.* 133, p. 91. — 1936 *A. (A.) w.* ab. *o.*, STROUHAL in: Acta Inst. Mus. Zool. Univ. Athen., *v.* 1, p. 66. — 1965 *A. (A.) w. o.*, SCHMÖLZER in: Bestimmungsb. Bodenfauna Eur., pars 5, p. 314.

Mit Ausnahme des 1. Pereionsegments sind die Epimeren nur schmal gelb gesäumt. Telson bis auf die Spitze dunkel mit zwei hellen Flecken: ab. *obscurum* STROUH., bei der es sich lediglich um eine abweichende Färbungsform und keinesfalls um eine Subspezies handelt, wie SCHMÖLZER (1965) es annimmt.

Verbreitung. ? Kephalonia, ? Korfu.

granulatum-Gruppe

Armadillidium granulatum morbillosum (C. L. KOCH, 1841)

1841 *Armadillo morbillosus*, C. L. KOCH, C. M. A., *v.* 28, nr. 3. — 1876 *A. m.* VOGL in: Verh. Ges. Wien, *v.* 25 (1875), Abh. p. 505, t. 11, f. 2. — non 1876 *A. g.*, VOGL in: ibid., p. 509, t. 11, f. 3. — 1885 *A. g.* (part.), BUDDE-LUND, Crust. Is.

terr., p. 57. — 1901 *A. g.* var. *naupliensis*, Verhoeff in: Zool. Anz., *v.* 24, p. 139. — 1907 *A.* (*A.*) *g.*, Verhoeff in: ibid., *v.* 31, p. 471, 492. — 1927 *A.* (*A.*) *g.*, Strouhal in: ibid., *v.* 74, p. 21. — 1929 *A.* (*A.*) *m.*, Strouhal in: Z. wiss. Zool., *v.* 133, p. 93. — 1931 *A.* (*A.*) *m.*, Verhoeff in: Zool. Jahrb. Syst., *v.* 60, p. 506, 509. — 1936 *A.* (*A.*) *g. g.* (part.) + *g. m.*, Strouhal in: Acta Inst. Mus. Zool. Univ. Athen., *v.* 1, p. 54, 55, 65, 97. — 1937 *A.* (*A.*) *g. m.*, Strouhal in: SB. Ak. Wien, math.-naturw. Kl., *v.* 146 I, p. 51. — 1939 *A. g. m.*, Strouhal in: Verh. Ges. Wien, *v.* 88/89 (1938/39), p. 177. — 1940 *A. g.* + *m.*, Verhoeff in: Z. Morph. Ökol. Tiere, *v.* 37, p. 114. — 1942 *A. g. m.*, Strouhal in: Zool. Anz., *v.* 138, p. 148. — 1956 *A.* (*A.*) *g. m.*, Strouhal in: SB. Österr. Ak., math.-naturw. Kl., *v.* 165 I, p. 593, 596. — 1962 *A. g.* (part.), Vandel in: Faune France, *v.* 66, p. 796. — 1965 *A.* (*A.*) *g. m.*, Schmölzer in: Bestimmungsb. Bodenfauna Eur., pars 5, p. 333.

Die Stirnplatte ist steiler aufgerichtet, so daß ihre Hinterfläche von hinten oben gut sichtbar ist.

Die Einbuchtungen jederseits am Hinterrande des 1. Pereiontergits sind kräftig und stumpfwinklig, jedoch nicht eingeknickt stumpfwinklig, wie es bei verschiedenen Armadillidienarten zu finden ist. Bemerkenswert sind auch die zwei paramedianen, unvollständigen Längsreihen von weißlichen Flecken, die am Hinterrande der Pereiontergite liegen.

Schmölzer (1965) bildet in f. 1353 den Ischiopoditen eines 7. männlichen Pereiopoden von *A. granulatum* ab und gibt hiefür im Figurennachweis (p. 450) „Strouhal 1929, p. 94, f. 29" an. Wie ein Vergleich der beiden Abbildungen ergibt, hat Schmölzer nicht die Originalzeichnung wiedergegeben; das Beinglied zeigt ein ganz anderes Verhältnis seiner Länge zur Höhe (33:9) als die ursprüngliche Abbildung (37:12)!

Verbreitung. Während *granulatum* im ganzen Küstengebiet des Mittelländischen und Schwarzen Meeres und an der atlantischen Küste von Marokko bis zum Ärmelkanal verbreitet ist, ist die Subspezies *morbillosum* auf die Westküste der Balkanhalbinsel beschränkt. Auch auf den Ionischen Inseln Korfu, Levkas, Kephalonia und im Epirus vorkommend; ob auch noch auf dem Peloponnes (Verhoeff 1901c), bleibt abzuwarten. Arcangeli (1952b, p. 11, 31) gibt für Albanien (Valona) *A. granulatum* an, er geht aber nicht weiter auf die Frage ein, ob es sich dabei um *granulatum* s. str. oder *g. morbillosum* handelt.

Vorkommen auf Korfu: Ohne nähere Ortsangabe (Verhoeff 1901c).

Armadillidium corcyraeum Verhoeff, 1901 (Abb. 23—28)

1901 *A. c.*, Verhoeff in: Zool. Anz., *v.* 24, p. 68. — 1901 *A. odysseum*, Verhoeff in: ibid., p. 138. — 1902 *A. c.*, Verhoeff in: ibid., *v.* 25, p. 249. — 1902 *A. odysseum*, Verhoeff in: ibid., p. 246. — 1907 *A.* (*A.*) *c.*, Verhoeff in: ibid., *v.* 31, p. 481. — 1907 *A.* (*A.*) *odysseum*, Verhoeff in: ibid., p. 472. — 1927 *A.* (*A.*) *odysseum* + *c.*, Strouhal in: ibid., *v.* 74, p. 25. — 1928 *A.* (*A.*) *c.*, Strouhal in: SB. Ak. Wien, math.-naturw. Kl., *v.* 137 I, p. 796. — 1929 *A.* (*A.*) *c.*, Strouhal in: Z. wiss. Zool., *v.* 133, p. 62, 95, f. 30—32. — 1936 *A.* (*A.*) *c.*, Strouhal in: Acta

Inst. Mus. Zool. Univ. Athen., *v.* 1, p. 54, 55, 65, 99. — 1937 *A.* (*A.*) *c.*, Strouhal in: SB. Ak. Wien, math.-naturw. Kl., *v.* 146 I, p. 52, 62. — 1937 *A.* (*A.*) *c.*, Strouhal in: Zool. Anz., *v.* 117, p. 129. — 1939 *A.* (*A.*) *c.*, Strouhal in: Verh. Ges. Wien, *v.* 88/89 (1938/39), p. 175, 184. — 1940 *A. c.*, Verhoeff in: Z. Morph. Ökol. Tiere, *v.* 37, p. 114. — 1956 *A.* (*A.*) *c.*, Strouhal in: SB. Österr. Ak., math.-naturw. Kl., *v.* 165 I, p. 597. — 1965 *A.* (*A.*) *c.*, Schmölzer in: Bestimmungsb. Bodenfauna Eur., pars 5, p. 335.

Zu der von mir 1929 (1929a, p. 95, f. 30—32) gebrachten Beschreibung dieser Art wird noch ergänzend hinzugefügt:

Der Cephalothorax sitzt tief im Ausschnitt des 1. Pereiontergits (Abb. 23), die abgerundet-spitzwinkligen Epimerenvorderzipfel ragen ein Stück über die Seitenkanten der Stirn vor. Die aufgerichtete Stirnplatte ist fünfmal so breit wie hoch. Ihr Oberrand ist in der Mitte nach hinten flach gebogen (Abb. 24), bei jüngeren Stücken gerade, die Seitenecken sind abgerundet-stumpfwinklig, die Seiten fallen steil ab, biegen dann seitlich ab und endigen gleich darauf (Abb. 25). Hinter den wenig zurückgebogenen Antennenlappen eine Grube, die außen von einem vorspringenden Höcker stark eingeengt wird (Abb. 24). Ein Auge besteht aus 18—20 Ommatidien. An den Seiten des 1. Pereiontergits, vor den Epimerenhinterzipfeln, eine leichte Einbuchtung. Das Telson ist etwas kürzer als am Grunde breit, an den Seiten nur schwach eingebuchtet, am Ende breit abgerundet. In der Mitte der hinteren Hälfte ist es flach vorgewölbt, beiderseits am Grunde besitzt es eine flache Vertiefung. 5. Schaftglied der Antennen eineindrittelmal so lang wie die Geißel, das 2. Geißelglied nur wenig länger als das 1.

Männchen: Ischiopodit der 7. Pereiopoden (Abb. 26) länglich-keulenförmig, dreimal so lang wie distal hoch. Unten an der Basis ein wenig abgerundet, fersenartig vorspringend, der untere Rand in der Mitte flach-bogig eingebuchtet, der obere Rand ebenso flach gebogen; an der Außen- (Vorder-) Seite, distal und oben, ein Haarfeld, unten reichlicher beborstet als in der Mitte; an der Innen- (Hinter-) Seite zieht entlang dem oberen Distalrande eine Reihe von 6—8 Stachelborsten. Meropodit des 7. Beins nur halb so lang wie Carpopodit, in der distalen Hälfte gleich hoch, in der basalen Hälfte fällt der obere Rand gegen den Ischiopoditen schräg ab, der untere Rand gerade. Carpopodit nur wenig länger als Meropodit, der Ober- und Unterrand bis auf die verengte Basis gerade; im 1. Drittel ist das Beinglied nur wenig höher als im distalen. Der schlanke Propodit ist etwas länger als der Carpopodit.

1. Pleopoden-Exopodit mit am Ende schmal abgerundetem Endlappen, dessen Innenrand flach-bogig eingebuchtet ist. Der gerade Außenrand des Endlappens kürzer als der Trachealfeldrand (Abb. 27) oder etwas länger als dieser und flach bogig eingebuchtet (STROUHAL 1929a, f. 31). Das zipfelige Ende der 1. Pleopoden-Endopoditen (Abb. 28) ist schräg nach außen und hinten gerichtet, der Außenrand ist flach-bogig, der Innenrand etwas stärker gebogen. Vor dem Ende, in der inneren Hälfte, an der Dorsalseite, zieht von der Zipfelbasis zuerst schräg basalwärts, dann in einem Bogen zum Innenrande eine Reihe lanzettförmiger Borsten, die sich weiter in eine Längsreihe von eingelenkten kurzen Sinnesborsten fortsetzt.

Die in ihrer Stärke unterschiedliche Rückenkörnelung, die seinerzeit zur Aufstellung von zwei Arten, des nur schwach gekörnten *A. corcyraeum* und des von diesem durch eine stärkere Körnelung unterschiedenen *A. odysseum*, führte, ließ sich neuerdings bei den vorliegenden Stücken feststellen. Das Männchen von Palaeokastriza (14,5 lg.) weist auf dem Cephalothorax und in der Mitte des 1. Pereiontergits nur schwache Spuren von Körnchen auf, und nur auf den Epimeren der Pereiontergite sind sie deutlich ausgeprägt, schwächer dagegen wieder auf den Pleuren des 3.—5. Pleonsegments. Anderseits sind bei den in einer Halbhöhle des Pantokratorgebirges aufgefundenen drei Exemplaren (11,7—13,2 lg.) die Körner recht deutlich ausgebildet: der Cephalothorax und die Pereiontergite, diese vor allem auf den Epimeren, sind kräftig gekörnt, weniger stark sind sie es im medianen Bereich und an den Hinterrändern. Auch die Pleuren des 3.—5. Pleonsegments und das Telson sind deutlich gekörnt, schwächer ist auf diesen Segmenten die über die Mitte ziehende Körnchenreihe, und noch kleiner sind die Körner am Hinterrande aller Pleonsegmente.

Charakteristisch für diese Spezies sind auch die vier unvollständigen Reihen weißer Flecke auf dem Pereion, die am Hinterrande der Tergite liegen.

A. corcyraeum steht dem von ARCANGELI (1952b, p. 6, t. 1, f. 1—4, t. 2, f. 5, 6) von Albanien (Prov. Valona) beschriebenen *A. valonae* nahe, mit dem es das vollkommene Einrollungsvermögen, den vom Ausschnitt des 1. Pereiontergits völlig umfaßten Cephalothorax, die abgerundet-stumpfwinkligen Einbuchtungen am Hinterrande des 1. Tergits, das an den Seiten nur wenig eingebuchtete, am Ende stumpf abgerundete Telson und den keulenförmigen, distal an der Außenseite mit einem Haarfeld versehenen Ischiopoditen der männlichen 7. Pereiopoden gemeinsam hat.

Ähnlich ist ferner die helle Fleckenzeichnung auf dem Pereionrücken. Die beiden Arten lassen sich aber in einer Anzahl von Merkmalen unterscheiden:

A. valonae Arc.: Der obere Rand der nur wenig über den Scheitel vorragenden Stirnplatte fällt seitlich weniger schräg ab, wobei es zu keiner Einbuchtung kommt. Hinter der Stirnplatte eine schmale, quere, in der Mitte wenig ausgehöhlte Furche. Die abgerundeten Antennenlappen mit abstehendem Rand, oben nicht zurückgebogen. Die Seiten des 1. Pereiontergits gleichmäßig gerundet, vor dem Hinterzipfel nicht eingebuchtet. Männchen: 1. Pleopoden-Exopodit am schütter beborsteten Innenrande in der distalen Hälfte nicht eingebuchtet. Der Endlappen verhältnismäßig kleiner. Das Ende der 1. Pleopoden-Endopoditen stärker nach außen gebogen, vor dem Ende außen stärker eingebuchtet.

A. corcyraeum Verh.: Der obere Rand der aufgerichteten Stirnplatte (Abb. 25) fällt seitlich steiler ab; die Seiten bilden in der Fortsetzung einen breit abgerundeten Winkel, um dann gleich zu endigen. Die ebenfalls abgerundeten Antennenlappen sind im distalen Teil etwas nach hinten abgebogen; hinter dem Lappen eine Grube, außen von ihr ein Höcker. 1. Pereiontergit an den Seiten, vor dem Epimerenhinterzipfel, flach eingebuchtet. Männchen: 1. Pleopoden-Exopodit am Innenrande dichter beborstet und in der distalen Hälfte deutlich eingebuchtet. Der Endlappen größer, länger. Das Ende der 1. Pleopoden-Endopoditen (Abb. 28) etwas weniger stark nach außen gebogen, vor dem Ende an der Außenseite nur ganz schwach eingebuchtet.

Verbreitung. Korfu, Levkas, Kephalonia, Zante.

Vorkommen auf Korfu: Ohne Ortsangabe (Strouhal 1929a); im Innern von Korfu, am Ufer eines Schilfteiches (Verhoeff 1901b); Gasturi (Achilleion) (Verhoeff 1901a); Gasturi (Strouhal 1936c); Aleanone (Strouhal 1929a, 1936c); Spartilla, Hagios Mathias (Strouhal 1936c); Canone (Strouhal 1937a); Ipsos am Fuß des Pantokrator (Strouhal 1956). — Dolinenartige Halbhöhle am Nordabhang des Pantokratorgebirges, ca. 400 m M.-H., 19. 4., 1 ♂ (14,5 lg., 7,0 br.), leg. Hauser. — Palaeokastriza, 22. 4., Olivenhain, unter Steinen, 1 ♂ (11,8 lg., 5,6 br.) und 2 ♀♀ (11,7 und 13,2 lg., 6,0 und 6,4 br.), leg. Hauser.

Armadillidium simile Strouhal, (1936) 1937 (Abb. 29—33)

1936 *A.* (*A.*) *s.*, Strouhal in: Acta Inst. Mus. Zool. Univ. Athen., *v.* 1, p. 54, 66, 100. — 1937 *A.* (*A.*) *s.*, Strouhal in: SB. Ak. Wien, math.-naturw. Kl., *v.* 146 I, p. 52, 62, f. 5—7. — 1940 *A. simite* (err.), Verhoeff in: Z. Morph. Ökol. Tiere, *v.* 37, p. 114. — 1965 *A.* (*A.*) *s.*, Schmölzer in: Bestimmungsb. Bodenfauna Eur., pars 5, p. 340, f. 1396, 1397.

Von dieser zuerst nach nicht völlig ausgebildeten Exemplaren (♂ 4,0—6,0, ♀ 6,0—6,5 lg.) beschriebenen Spezies lagen jetzt neben Jugendlichen auch ein etwas älteres Männchen und ein erwachsenes Weibchen vor, so daß die seinerzeit gebrachte Beschreibung nun entsprechend ergänzt werden kann.

Eine kräftig und rauh gekörnte, eusphärische Art, bei der der äußerste Vorderzipfel der 1. Pereionepimeren und sein Rändchen aufgekrempt sind. Die Epimerenvorderzipfel reichen nur bis zu den Stirnseitenkanten. Die Augen bestehen beim Männchen aus 20 bzw. 21, beim Weibchen aus 19 Ommatidien.

Die Stirnplatte (Abb. 29) ist aufgerichtet, ihre Hinterfläche ist gut sichtbar; sie ragt stark vor, mehr als dreimal so weit wie die Stirnseitenkanten, und ist drei- bis viermal so breit wie hoch; ihre Seitenecken sind abgerundet-stumpfwinklig, der obere Rand ist schwach gebogen, die Seiten fallen steil nach unten ab, biegen abgerundet-stumpfwinklig seitlich ab und setzen sich als dünnes Fältchen in die untere, vordere Begrenzungslinie der Stirnseitenkanten bis zu deren Außenende fort, ohne sich mit den Seitenkanten zu vereinigen; diese Linie verläuft zwischen den glatten Seitenkanten und dem flach gehöckerten oberen Teil der Antennenlappenbasis (Abb. 30). Die Seitenkanten sind in der Mitte schwach nach hinten gebogen, außen abgerundet etwas vorgezogen. Zwischen der Stirnplatte und dem Scheitel eine quere Furche, in der Mitte ein tiefes, querovales Grübchen, das einerseits von der in der Mitte ausgehöhlten Stirnplatte, anderseits vom eingebuchteten Vorderrand der Scheitelmitte gebildet wird; hinter dem Grübchen auf dem Scheitel jederseits ein Höckerchen, dazwischen eine undeutliche Längsfurche. Stirndreieck mit abgerundeten, wenig gebogenen Seiten, die unten in einen Kiel auslaufen. Antennenlappen, von vorn betrachtet, kreisabschnittförmig begrenzt, der Rand abstehend, innen schmal, außen etwas verdickt; die Lappen oben kaum zurückgebogen, hinter ihnen eine quere, flache Vertiefung, gegen die außen ein wenig ausgeprägter Stirnhöcker vorspringt. 5. Schaftglied der Antennen eineindrittelmal so lang wie die Geißel, die beiden Geißelglieder (ohne Endstäbchen) gleich lang, bei jüngeren Stücken das Endglied eindreifünftel- bis eineinviertelmal so lang wie das erste.

1. Pereiontergit an den Seiten, vor dem Hinterzipfel, deutlich im flachen Bogen eingebuchtet, am Hinterrande jederseits mit einer kräftigen, abgerundet-stumpfwinkligen Einbuchtung. Telson (Abb. 31) kürzer als am Grunde breit, seitlich kräftig eingebuchtet, am Ende schmal abgerundet; oben jederseits an der Basis mit schräger Vertiefung, in der Mitte der Hinterhälfte flach gewölbt.

Rückenfläche dicht und kräftig gekörnt. Hinter den Augen auf einer Erhebung 5 Körner. An den Hinterrändern des Cephalothorax und der Pereiontergite ragen die größeren Höckerchen zahnartig über den Rand vor. Auf dem 1. Pereiontergit sind die Körner vor dem Hinterrande in etwa 6 Querreihen, auf den folgenden Pereiontergiten in etwa 3 Reihen angeordnet; zwischen der hinteren Reihe und der Hinterrandreihe eine quere, schmale, fast körnerfreie Zone. Am Hinterrande der Pleontergite schwächer gekörnt, davor auf den vorderen zwei Segmenten einige wenige Körnchen, auf den hinteren Segmenten vor der Hinterrandreihe ein Querzug von kräftigeren Körnchen. Stärker gekörnt sind auch die Pleuren dieser Segmente und das Telson.

Das Männchen ist auf dem Rücken dunkelschiefergrau, auf der Pereionmitte, beiderseits der Mittellinie, nur wenig heller gestrichelt, auf den Epimeren schwach aufgehellt. Keine weißlichen Makel. Das Weibchen ist auf der Pereionmitte wenig heller, jederseits hell gestrichelt, die Epimeren und das Pleon sind weißlichgrau; ebenso die Unterseite. Dazu kommen einige wenige submediane, weißliche Makel am Hinterrande der Pereiontergite. Das größere Weibchen besitzt beiderseits am 1. und nur linksseitig am 3. und 5. Tergit einen unscharfen Fleck, das kleinere am 2. und 3. Tergit nur rechtsseitig und am Hinterrande des Cephalothorax rechts einen weißlichen Fleck.

Männchen: Ischiopodit der 7. Pereiopoden (Abb. 32) in der Seitenansicht länglich-dreieckig, dreifünftelmal so lang wie hoch, der Oberrand fast gerade, der Unterrand breit abgerundet-stumpfwinklig flach eingebuchtet. Auf der Vorderseite distal in den oberen zwei Dritteln mit Haarfeld, unten schütter kurz beborstet. Der distale Endrand der Hinterseite in der oberen Hälfte mit 5—6 Stachelborsten. Meropodit halb so lang wie Ischiopodit, fast eindreiviertelmal so lang wie in der Endhälfte hoch. Carpopodit nur wenig länger als Meropodit, halb so hoch wie lang, Propodit etwas länger als Carpopodit, viermal so lang wie hoch.

1. Pleopoden-Exopodit mit dreieckigem, am Ende schmal abgerundetem Endlappen; dieser ist kürzer als der Basalteil des Innenlappens, sein flach eingebuchteter Außenrand ist kürzer als der Trachealfeldrand, sein Innenrand gerade, beim jungen Männchen (6,0 lg., Holotypus) mit flacher, bogiger Einbuchtung (STROUHAL 1937b, f. 7). Das zipfelige Ende der 1. Pleopoden-Endopoditen (Abb. 33) wenig schräg nach außen gebogen, an der Dorsalseite mit einer Bogenreihe von Börstchen, die sich basal in eine Längsreihe fortsetzt.

Bei Jugendlichen ragt die Stirnplatte nur wenig vor und ist viel breiter als hoch, die Seitenecken sind breit abgerundet, die Seiten noch nicht eingebuchtet, ihre seitliche Fortsetzung erstreckt sich als Fältchen bis in die Gegend der Augen. Auch das 1. Pereiontergit ist an den Seiten noch ohne Einbuchtung. Halbwüchsige besitzen aber bereits diese seitlichen Einbuchtungen.

A. simile bildet, wie sich jetzt gezeigt hat, zusammen mit *A. corcyraeum* VERH. (Korfu, Levkas, Kephalonia, Zante) und *A. valonae* ARC. (Albanien) eine Verwandtschaftsgruppe des ionischen Gebiets, was in einigen gemeinsamen Merkmalen zum Ausdruck kommt. Diese Arten zählen zur eusphärischen Type mit höchstens aufgekrempten äußersten Vorderzipfeln der 1. Pereionepimeren und deren Rändchen; die Antennenlappen sind, von vorn betrachtet, abgerundet, ihr Rand steht ab oder ist oben etwas nach hinten gebogen, die seitlichen Einbuchtungen am Hinterrande des 1. Pereiontergits sind bogenförmig bis abgerundetstumpfwinklig; das Telson ist an den Seiten mehr oder weniger eingebuchtet, am Ende abgerundet; der Ischiopodit der 7. Pereiopoden des Männchens ist keulenförmig, am Unterrand im flachen Bogen eingebuchtet, an der Außenseite distal mit einem Haarfeld; die Enden der männlichen 1. Pleopoden-Endopoditen des Männchens sind schräg nach außen und hinten gebogen; am Hinterrande des Cephalothorax und der Pereiontergite mit weißen Makeln, die zusammen vier unvollkommene Längsreihen bilden: zwei paramediane und zwei am Grunde der Epimeren.

Mit *A. corcyraeum* hat *simile* auch noch die aufgerichtete Stirnplatte, die seitlich kräftig eingebuchtet ist, das an den Seiten, vor den Epimerenhinterzipfeln, flach eingebuchtete 1. Pereiontergit, den an der Vorderseite unten reichlicher kurz beborsteten Ischiopoditen der 7. Pereiopoden des Männchens, den dreieckigen, schmal abgerundeten Endlappen der 1. Pleopoden-Exopoditen des Männchens, die Bogenreihe von Lanzettbörstchen an der Dorsalseite vor dem zipfeligen Ende der 1. Pleopoden-Endopoditen des Männchens, die sich basalwärts in eine Längsreihe fortsetzt, und die unterschiedliche, teils schwächer, teils kräftiger ausgeprägte Rückenkörnelung gemeinsam.

Diese beiden Arten kann man folgendermaßen voneinander trennen:

A. corcyraeum: Die Epimeren-Vorderzipfel des 1. Pereionsegments ragen deutlich über die Seitenkanten der Stirn vor (Abb. **23**). Die Stirnplatte ist fünfmal so breit wie lang. Die Telsonseiten sind nur wenig eingebuchtet.

A. simile: Die Epimeren-Vorderzipfel des 1. Segments erstrecken sich nur bis zu den Stirnseitenkanten (Abb. 30). Die Stirnplatte ist drei- bis viermal so breit wie lang. Die Telsonseiten sind kräftig eingebuchtet (Abb. 31).

Von *A. peloponnesiacum* Verhoeff (1901 b, p. 179, Strouhal 1938, p. 39, = *bimarginatum* Strouhal 1928 b, p. 797, 1929 a, p. 105, f. 46—48, = *propinquum* Strouhal 1929 a, p. 97, f. 33 bis 37), das ebenfalls einen abstehenden, im oberen Teil kaum zurückgebogenen Rand der Antennenlappen und seitliche Einbuchtungen vor den Epimerenhinterzipfeln des 1. Pereiontergits besitzt, unterscheidet sich *A. simile* durch die weiter vorragende Stirnplatte und deren eingebuchteten Seiten, das kürzere 2. Antennengeißelglied, das höchstens eineinviertelmal so lang wie das 1. Glied ist, das schmäler abgerundete Telsonende, die stärkere Rückenhöckerung, im männlichen Geschlecht in den 7. Pereiopoden, deren Ischiopodit am Unterrande nur wenig eingebuchtet und der Meropodit kürzer, nur halb so lang wie der Ischiopodit ist.

Von *A. granulatum morbillosum* B.-L., bei dem sich gleichfalls eine steiler aufgerichtete Stirnplatte mit von hinten gut sichtbarer Hinterfläche vorfindet, kann man *simile* durch die Einbuchtung des Seitenrandes der 1. Pereionepimeren und durch das hinten breiter abgerundete, seitlich stärker eingebuchtete Telson unterscheiden.

Von *A. beieri* Strouhal (1937 b, p. 45, f. 1, 2, 1956, p. 586, f. 1, 2), das auf den Inseln Levkas und Kalamos vorkommt und das gleich *simile* eine weiter vorragende und an den Seiten stark eingebuchtete Stirnplatte besitzt, die viereinhalb- bis fünfeinhalbmal so breit wie lang ist, ferner ebenfalls durch abstehende Antennenlappen, einen vor den Epimeren-Hinterzipfeln eingebuchteten Seitenrand der 1. Pereionepimeren, ein an den Seiten eingebuchtetes, hinten abgerundetes Telson ausgezeichnet ist, unterscheidet sich letztere Art durch die nur wenig aufgekrempten Vorderzipfel der 1. Epimeren, durch die schwächere Einbuchtung am Unterrande des Ischiopoditen der 7. Pereiopoden des Männchens und vor allem durch die weniger kräftig ausgeprägten, nicht zu Zipfeln verlängerten Rückenhöckerchen.

Verbreitung. A. *simile* ist bisher nur von Korfu bekannt.
Vorkommen auf Korfu: Potamos (Strouhal 1936c, 1937b). — Kap Kassiopi (Nordkorfu), 17. 4., an Steinmäuerchen in von Schafen beweideten Wiesen, 4 Jugendliche (3,1—5,2 lg.), leg. Hauser. — Olivenhain südöstlich von Kassiopi, 20. 4., unter Steinen, 1 ♂ (9,2 lg., 4,1 br.), 2 ♀♀ (9,7 und 12,3 lg., 4,9 und 5,2 br.), 1 halbwüchsiges ♀ (5,2 lg.) und 2 Jugendliche (2,1 und 3,6 lg.), leg. Hauser.

bicurvatum-Gruppe

Armadillidium bicurvatum VERHOEFF, 1901

1901 *A. b.*, VERHOEFF in: Zool. Anz., *v.* 24, p. 69. — 1902 *A. b.*, VERHOEFF in: ibid., *v.* 25, p. 242. — 1907 *A. (A.) b.*, VERHOEFF in: ibid., *v.* 31, p. 463. — 1929 *A. (A.) b.*, STROUHAL in: Z. wiss. Zool., *v.* 133, p. 105, 106. — 1929 *A. (A.) b.*, STROUHAL in: SB. Ges. Fr. Berlin, p. 61, f. 28—30. — 1936 *A. (A.) b.*, STROUHAL in: Acta Inst. Mus. Zool. Univ. Athen., *v.* 1, p. 54, 64, 96. — 1937 *A. (A.) b.*, STROU-HAL in: SB. Ak. Wien, math.-naturw. Kl., *v.* 146 I, p. 48, 62. — 1939 *A. b.*, STROU-HAL in: Verh. Ges. Wien, *v.* 88/89 (1938/39), p. 176. — 1940 *A. b.*, VERHOEFF in: Z. Morph. Ökol. Tiere, *v.* 37, p. 114. — 1942 *A. b.*, STROUHAL in: Zool. Anz., *v.* 138, p. 146, 148. — 1952 *A. (Duplocarinatum) b.*, ARCANGELI in: Boll. Ist. Mus. Torino, *v.* 3 (1951/52), p. 12, 31. — 1956 *A. (A.) b.*, STROUHAL in: SB. Österr. Ak., math.-naturw. Kl., *v.* 165 I, p. 590. — 1965 *A. (A.) b.*, SCHMÖLZER in: Bestimmungsb. Bodenfauna Eur., pars 5, p. 316.

Verbreitung. Ist eine albanisch-nordwestgriechisch-nordionische Spezies; Albanien, Epirus und Korfu.

Vorkommen auf Korfu: Achilleion (VERHOEFF 1901b); Aleanone (STROUHAL 1929a, 1936c); Potamos, Korfu, Gasturi (STROUHAL 1936c, 1937b); Ipsos am Fuß des Pantokrator (STROUHAL 1956). — Kassiopi (Nordkorfu), 16. 4., Olivenhaine, unter Steinen, 1 juven. ♀ (2,6 lg.), leg. HAUSER. — Ebendort, 19. 4., Olivenhain, unter Stein, 1 juven. ♀ (2,6 lg.), leg. HAUSER. — Halbhöhle am N-Abhang des Pantokratorgebirges, ca. 400 m M.-H., 19. 4., 1 juven. ♀ (2,3 lg.), leg. HAUSER. — Weg Kassiopi—Pantokrator-Höhlen, 19. 4., Garrigue, unter Steinen, 3 ♂♂ (4,7—5,2 lg., 2,6 br.), das eine auf dem Pereionrücken mit fünf hellen Längsstreifen: ein schmaler in der Mediane, beiderseits ein breiterer und an der Epimerenbasis wieder ein schmaler; die Epimeren selbst etwas weniger dunkel als der dunkle Grund zwischen den Epimeren. Die beiden anderen Exemplare heller: auf weißgelbem Grunde mit unregelmäßigen bräunlichen Fleckchen jederseits der Mediane und vor der Basis der Epimeren. Leg. HAUSER. — Weg Kassiopi —Pantokrator-Bergdörfer, 20. 4., an Steinmäuerchen in beweideten Olivenhainen, 3 ♂♂ (4,8—7,0 lg., 2,5—3,6 br.), 1 ♀ (5,8 lg., 3,1 br.), leg. HAUSER. — Palaeokastriza, 22. 4., Olivenhain, unter Steinen, ein helles ♀ (6,6 lg., 2,9 br.), leg. HAUSER.

vulgare-Gruppe

Armadillidium vulgare (LATREILLE, 1804)

1907 *A. (A.) v.*, VERHOEFF in: Zool. Anz., *v.* 31, p. 478, 494. — 1927 *A. (A.) v.*, STROUHAL in: ibid., *v.* 74, p. 33. — 1929 *A. (A.) v.*, STROUHAL in: Z. wiss. Zool., *v.* 133, p. 62, 109. — 1936 *A. (A.) v.*, STROUHAL in: SB. Ak. Wien, math.-naturw. Kl., *v.* 146 I, p. 56. — 1936 *A. (A.) v.*, STROUHAL in: Acta Inst. Mus. Zool. Univ. Athen., *v.* 1, p. 54, 67, 101. — 1937 *A. (A.) v.*, STROUHAL in: SB. Ak. Wien, math.-naturw. Kl., *v.* 146 I, p. 56, 62. — 1939 *A. (A.) v.*, STROUHAL in: Verh. Ges. Wien, *v.* 88/89 (1938/39), p. 175, 184. — 1940 *A. v.*, VERHOEFF in: Z. Morph. Ökol. Tiere, *v.* 37, p. 114. — 1942 *A. v.*, STROUHAL in: Zool. Anz., *v.* 138, p. 149. — 1952 *A. (A.) cinereum*, ARCANGELI in: Boll. Ist. Mus. Torino, *v.* 3 (1951/52), p. 6, 31. — 1956 *A. (A.) v.*, STROUHAL in: SB. Österr. Ak., math.-naturw. Kl., *v.* 165 I, p. 603, f. 28. — 1962 *A. v.*, VANDEL in: Faune France, *v.* 66, p. 826, f. 397, 398. — 1965 *A. (A.) v.*, SCHMÖLZER in: Bestimmungsb. Bodenfauna Eur., pars 5, p. 353, f. 1470 bis 1474.

Verbreitung. Ist wohl ostmediterranen Ursprungs und heute weltweit verbreitet. Im östlichen Mediterrangebiet häufig. Auch auf den Ionischen Inseln (Korfu, Levkas, Zante) und im Epirus; Arcangeli (1952b) meldet die Art von Albanien.

Vorkommen auf Korfu: Ohne nähere Ortsangabe (Strouhal 1927, 1929a); Potamos, Korfu, Gasturi (Strouhal 1936a, c, 1937b); Ipsos am Fuß des Pantokrator (Strouhal 1956). — Korfu, Stadtgebiet und Weg nach Pontekonisi, 16. 4., 1 juven. ♀ (7,0 lg., 3,8 br.), leg. Hauser. — Höhle am N-Abhang des Pantokratorgebirges, ca. 500 m M.-H., 19. 4., unter Steinen, 11 ♂♂ (7,4—15,2 lg., 3,8—7,8 br.), 5 ♀♀ (10,0—14,5 lg., 5,3—7,4 br.), leg. Hauser. — Halbhöhle am N-Abhang des Pantokrator, ca. 400 m M.-H., 19. 4., 1 ♀ (11,0 lg., 5,5 br.), völlig pigmentlos, auch die Augen, leg. Hauser. — Weg Kassiopi—Lagune im NW der Insel, 21. 4., Macchie mit Olivenhainen abwechselnd, 1 ♂ (10,0 lg., 4,8 br.), leg. Hauser.

Armadillidium humectum Strouhal (1936) 1937

1936 *A. (A.) h.*, Strouhal in: Acta Inst. Mus. Zool. Univ. Athen., v. 1, p. 54, 67, 101. — 1937 *A. (A.) h.*, Strouhal in: SB. Ak. Wien, math.-naturw. Kl., v. 146 I, p. 57, f. 12—14. — 1939 *A. (A.) h.*, Strouhal in: Verh. Ges. Wien, v. 88/89 (1938/39), p. 175, 184. — 1940 *A. h.*, Verhoeff in: Z. Morph. Ökol. Tiere, v. 37, p. 114. — 1942 *A. h.*, Strouhal in: Zool. Anz., v. 138, p. 147. — 1952 *A. (A.) h.*, Arcangeli in: Boll. Ist. Mus. Torino, v. 3 (1951/52), p. 8, 31. — 1956 *A. (A.) h.*, Strouhal in: SB. Österr. Ak., math.-naturw. Kl., v. 165 I, p. 607, f. 35. — 1965 *A. (A.) h.*, Schmölzer in: Bestimmungsb. Bodenfauna Eur., pars 5, p. 346, f. 1430 bis 1432.

Verbreitung. Konnte auf den Ionischen Inseln Korfu, Levkas und Zante nachgewiesen werden. Lebt in der Nähe von Gewässern. Kommt auch in Albanien (Valona-Umgebung) vor (Arcangeli 1952b).

Vorkommen auf Korfu: Ohne nähere Ortsangabe (Strouhal 1956). — Palaeokastriza, 22. 4., Olivenhain, unter Steinen, 1 ♂ (8,0 lg., 3,5 br.), 1 juven. ♀ (2,5 lg.), leg. Hauser.

frontetriangulum-Gruppe

Armadillidium frontetriangulum frontetriangulum Verhoeff, 1901

1901 *A. f.*, Verhoeff in: Zool. Anz., v. 24, p. 138. — 1902 *A. f.*, Verhoeff in: ibid., v. 25, p. 243. — 1907 *A. (A.) f.*, Verhoeff in: ibid., v. 33, p. 465. — 1927 *A. (A.) f.* (genuinum), Strouhal in: ibid., v. 74, p. 34. — 1929 *A. f.*, Verhoeff in: Mt. Inst. Sofia, v. 2, p. 131. — 1929 *A. (A.) f.*, Strouhal in: Z. wiss. Zool., v. 133, p. 111. — 1936 *A. (A.) f. f.*, Strouhal in: Acta Inst. Mus. Zool. Univ. Athen., v. 1, p. 54, 55, 105, f. 23, 24. — 1937 *A. (A.) f. f.*, Strouhal in: SB. Ak. Wien, math.-naturw. Kl., v. 146 I, p. 60, 62. — 1939 *A. f. f.*, Strouhal in: Verh. Ges. Wien, v. 88/89 (1938/39), p. 177. — 1940 *A. f.*, Verhoeff in: Z. Morph. Ökol. Tiere, v. 37, p. 114. — 1942 *A. f. s. str.*, Strouhal in: Zool. Anz., v. 138, p. 149. — 1956 *A. (A.) f. s. str.*, Strouhal in: SB. Österr. Ak., math.-naturw. Kl., v. 165 I, p. 611. — 1965 *A. (A.) f. f.*, Schmölzer in: Bestimmungsb. Bodenfauna Eur., pars 5, p. 360, f. 1500, 1501.

Nur mit Spuren einer Körnelung auf den Pereionepimeren, auf der Mitte des 5.—7. Pereiontergits und am Hinterrande der hinteren Pereion- und der Pleontergite.

Pereion mit 5 Längsreihen von hellen Flecken, von denen einzelne fehlen können. Pleon auf dem 3. und 4., selten 2. Tergit meist asymmetrisch in der Mitte einzelne Flecke.

A. f. f. ab. *confluens* nov. ab.

Bei einem Männchen (14,5 lg., 7,0 br.) sind die mittleren drei Flecke auf den hinteren vier Pereiontergiten zu einer breiten, hellen Querbinde verschmolzen und die seitlichen, vor der Epimerenbasis gelegenen Flecke sind vergrößert.

Verbreitung. VERHOEFF (1901c) beschrieb die Art zuerst von Korfu, wo die auch durch helle Fleckenreihen ausgezeichnete typische Form vorkommt. Sie wurde später (STROUHAL 1929a) auch auf Kephalonia festgestellt.

Die vorwiegend ungefleckte Subspezies *continuatum* VERH. kommt im Epirus vor (VERHOEFF 1902, p. 243, 1907a, STROUHAL 1942, 1956); sie unterscheidet sich von *frontetriangulum* s. str. vor allem durch den völlig ungekörnten Rücken. Selten auftretende hell gefleckte Stücke zählen zur ab. *guttatum* STROUHAL (1956, p. 612).

Vorkommen des *A. frontetriangulum* s. str. auf Korfu: „An einem Schilfteiche im Innern von Korfu" (VERHOEFF 1901c); Spartilla (STROUHAL 1936c, 1937b). — Macchie westlich von Kassiopi, 17. 4., 3 ♂♂ (9,8—12,0 lg., 5,5—5,8 br.), 5 ♀♀ (10,0—14,0 lg., 5,4—7,2 br.), 1 juven. Ex. (2,7 lg.), leg. HAUSER. — Weg Kassiopi—S. Spiridion, 18. 4., vornehmlich Olivenhaine, 4 ♂♂ (9,0—12,2 lg., 4,9—5,7 br.), 2 ♀♀ (15,0 und 16,0 lg., 7,6 und 7,8 br.), leg. HAUSER. — Halbhöhle am N-Abhang des Pantokrator, 19. 4., 1 ♂ (10,7 lg., 5,7 br.), 1 ♀ (14,3 lg., 7,6 br.), leg. HAUSER. — Weg Kassiopi—Pantokrator-Höhlen, 19. 4., Garrigue, unter Steinen, 4 ♂♂ (13,8—16,6 lg., 7,2—7,3 br.), 1 ♀ (16,5 lg., 7,9 br.), 1 juven. ♀ (5,4 lg., 3,0 br.), leg. HAUSER. — Weg Kassiopi—Pantokrator-Bergdörfer, 20. 4., an Mäuerchen in beweideten Olivenhainen, 2 ♂♂ (11,2 und 11,6 lg., 5,7 und 6,0 br.), leg. HAUSER.

Vorkommen der ab. *confluens*: Weg Kassiopi—Pantokrator-Höhlen, 19. 4., Garrigue, unter Steinen, 1 ♂ (14,5 lg., 7,0 br.), zusammen mit normal gefleckten Stücken, leg. HAUSER.

Fam. Armadillidae VERHOEFF, 1917

Genus *Armadillo* DUMÉRIL, 1816

1816 *A.*, DUMÉRIL in: Dict. Sci. nat., *v.* 3, p. 115. — 1885 *A.*, BUDDE-LUND, Crust. Is. terr., p. 15. — 1937 *A.*, STROUHAL in: Acta Inst. Mus. Zool. Univ. Athen., *v.* 1, p. 254. — 1938 *A.*, STROUHAL in: ibid., *v.* 2, p. 56. — 1962 *A.*, VANDEL in: Faune France, *v.* 66, p. 854. — 1965 *A.*, SCHMÖLZER in: Bestimmungsb. Bodenfauna Eur., pars 5, p. 361.

Armadillo officinalis DUMÉRIL, 1816

1879 *A. o.*, BUDDE-LUND, Prosp. Is. Terr., p. 6. — 1885 *A. o.*, BUDDE-LUND, Crust. Is. terr., p. 16. — 1928 *A. o.*, STROUHAL in: SB. Ak. Wien, math.-naturw. Kl., *v.* 137 I, p. 797. — 1929 *A. o.*, STROUHAL in: Z. wiss. Zool., *v.* 133, p. 62, 113. — 1929 *A. o.*, STROUHAL in: SB. Ges. Fr. Berlin, p. 40, 77. — 1931 *A. o.*, VERHOEFF in: Z. Morph. Ökol. Tiere, *v.* 22, p. 240, 267. — 1936 *A. o.*, STROUHAL in: SB. Ak. Wien, math.-naturw. Kl., *v.* 145 I, p. 200. — 1936 *A. o.*, STROUHAL in: Acta Inst. Mus. Zool. Univ. Athen., *v.* 1, p. 54, 55, 63, 106. — 1937 *A. o.*, STROUHAL in: SB. Ak. Wien, math.-naturw. Kl., *v.* 146 I, p.-60. — 1937 *A. o.*, STROUHAL in: Zool. Anz., *v.* 117, p. 129. — 1937 *A. o.*, STROUHAL in: Acta Inst. Mus. Zool. Univ. Athen., *v.* 1, p. 247, 255, 256, 257, 259, 261, 262. — 1938 *A. o.*, STROUHAL in: ibid., *v.* 2, p. 11, 50, 55. — 1939 *A. o.*, STROUHAL in: Verh. Ges. Wien, *v.* 88/89 (1938/39), p. 177. — 1940 *A. o.*, VERHOEFF in: Z. Morph. Ökol. Tiere, *v.* 37, p. 114. — 1962 *A. o.*, VANDEL in: Faune France, *v.* 66, p. 855, f. 408, 409. — 1965 *A. (A.) o.*, SCHMÖLZER in: Bestimmungsb. Bodenfauna Eur., pars 5, p. 362, f. 1513, 1514.

Verbreitung. Das ganze Mediterrangebiet von Rabat und Lissabon bis Türkei, Libanon und Israel und weiter nach Osten bis Mosul, Bagdad und Amara. Auf der Balkanhalbinsel stellenweise häufig. Auch auf dem griechischen Festland und Peloponnes, auf zahlreichen Ägäischen und auf Ionischen Inseln (Korfu, Kephalonia).

Vorkommen auf Korfu: Ohne Ortsangabe (STROUHAL 1929a, VERHOEFF 1940). — Ohne Ortsangabe, 1 Exemplar, leg. J. ERBER, 1867 (Mus. Vindob. Crust.-Smlg., Acqu.-Nr. 1894. II. 1).

Anhang

Eine neue Asellus coxalis-Subspezies von Zante

Die Bearbeitung der auf der 1936 von Univ.-Prof. Dr. JAN VERSLUYS nach der Insel Zante geleiteten Forschungsfahrt festgestellten Aselliden wurde † STANKO KARAMAN (Skopje) übertragen. Eine Publikation der Ergebnisse unterblieb vorerst zufolge des bald darauf entbrannten Krieges. KARAMAN hatte zuerst beabsichtigt, den auf Zante aufgefundenen *Asellus* als *coxalis*-Unterart *versluysi* zu benennen, wie er in seinem 1950 erschienenen Aufsatz „Über zwei *Asellus*-Arten aus dem hercegovinisch-dalmatinischen Karst" (p. 192 bzw. 208)[21] ausführte, hat jedoch dann davon Abstand genommen, weil ihm die durch den Verfasser dieser Abhandlung erfolgten Beschreibungen von vier *coxalis*-Unterarten aus dem ionischen Gebiet nicht zugänglich waren. Er begnügte sich mit einer kurzen Charakteristik und Abbildung der wesentlichsten Merkmale der Zante-Form, wobei er lediglich die 1., 2., 4. und 5. Pleopoden des Männchens und die 2. Pleopoden des Weibchens berücksichtigte.

Der jetzt vorgenommene Vergleich mit den bekannten ionischen *coxalis*-Subspezies ergab, daß es nach der bisher gepflogenen Behandlung der *coxalis*-Formen durchaus berechtigt ist, auch den auf Zante vorkommenden *coxalis* als eine eigene Subspezies anzusehen; keinesfalls ist sie mit einer der anderen ionischen Formen, wie es KARAMAN (p. 208) für „höchstwahrscheinlich" hielt, identisch. Dem Wunsche meines leider früh verstorbenen Kollegen folgend, benenne ich die Zante-Form nach meinem einstigen Lehrer.

---

[21] KARAMAN, ST. L., 1950: Dwa Azelusa iz hercegowačko-dalmatinskog krša. [Serbisch mit deutschem Auszug.] Monogr. Ac. Serbe Sci., sect. sci. math. et natur., (2) n. s., *163*: 187—212.

Asellus (Proasellus) coxalis versluysi nov. subspec.

Körperlänge: 10—12 mm.

Männchen. 1. Pleopoden-Protopodit (KARAMAN 1950, f. 18) so lang wie breit. Das Frenulum besteht jederseits aus einem Häkchen. An der abgerundeten distalen Außenecke und am angrenzenden Hinterrand insgesamt 5 Borsten. 1. Pleopoden-Exopodit mehr als doppelt so lang wie breit, die gerundete, nicht vorgezogene basale Innenecke mit einer Borste; der Innenrand beinahe gerade, in der Mitte kaum eingebuchtet; der basal flach, distal stärker gebogene Außenrand trägt in der Mitte 7 einfache, kürzere Borsten, an der distalen Abrundung 12 Fiederborsten, von denen die 4 basalen kurz, die übrigen länger sind; die längste dieser Borsten ist fast halb so lang wie der Exopodit; die Ventralfläche ist ohne Borsten.

2. Pleopoden-Protopodit (KARAMAN 1950, f. 9) etwas länger als breit, am Innenrande mit 2 Fiederborsten. 2. Pleopoden-Exopodit zweigliedrig, so lang wie der Protopodit und doppelt so lang wie breit. Das 1. Glied außen in der Hinterecke mit einer Borste. 2. Exopoditenglied mehr als doppelt so lang wie an der Basis breit; hinten abgerundet, Breite zur Länge = 1:1,5; am Außenrande an der Basis eine, vor der Mitte 2 einfache Borsten, am Rande der distalen Hälfte 12 Fiederborsten, von denen die beiden basalen des Innenrandes kürzer sind als alle übrigen; das Härchenfeld der sternalen Fläche reicht innen bis fast zum Hinterende. 2. Pleopoden-Endopodit basal innen ohne Apophyse, um ein Viertel kürzer als Exopodit. Außen an der Basis mit deutlicher Protuberanz. Tergale Apophyse länger als an ihrer Basis breit, am Ende abgerundet-zugespitzt, länger als der flaschenförmige Anhang.

Breite zur Länge des 4. Pleopoden-Exopoditen (KARAMAN 1950, f. 6) verhalten sich wie 1 zu 1,4. Am Außenrande 3 Kerben, am Innenrande eine Kerbe; die hinterste Außenkerbe und die Innenkerbe verbinden die die Area Tschetwerikoffi basal begrenzende, gebogene, doppelte Linea areae; von der mittleren Außenkerbe zieht quer nach innen die Linea transversalis, die in die Linea areae einmündet; von der basalen Außenkerbe verläuft bis zur Mitte des Exopoditen die Linea conjungens, um knapp vor der Linea areae zu endigen. Zwischen Basis und der ersten Kerbe ist der Außenrand dicht kurz behaart und trägt vor der Kerbe 4 Borsten. Der distale Teil des Außenrandes, zwischen 1. und 2. und 2. und 3. Kerbe ist borstenlos.

21*

5. Pleopoden-Exopodit (Karaman 1950, f. 7) breit elliptisch, an jeder Seite mit 2 Kerben, die durch 2 quere Linien, von denen die distale, die Linea articularis, gerade verläuft, die basale, die Linea duplex, eine Doppellinie, in einem kräftigen Bogen nach hinten gegen die Linea articularis vorspringt, verbunden sind.

Weibchen. Die 2. Pleopoden (Karaman 1950, f. 11) sind länglich, breit abgerundet-trapezoidal, zweieinviertelmal so lang wie breit, am breitesten in der basalen Hälfte; der Innenrand in den distalen drei Vierteln verläuft gerade. Am Außenrande der distalen Hälfte eine Reihe von 10 Fiederborsten, an die sich basal eine kürzere einfache Borste anschließt. Die längsten Fiederborsten sind etwas mehr als halb so lang wie das Bein. Am Innenrande, im zweiten Viertel, zwei Borsten; auf der sternalen Fläche sonst keine Borsten.

Nach Karaman (l. c., p. 209) soll *versluysi* auch durch „eine größere Zahl von Stacheln am Innenrande des Dactylus der Pereiopoden" ausgezeichnet sein.

A. coxalis versluysi (vgl. hierzu Strouhal 1942, p. 154—155; 1954, p. 16—38) unterscheidet sich von den auf Korfu, Levkas und Kephalonia und im Epirus vorkommenden *coxalis*-Subspezies *corcyraeus* Strouh., *leucadius* Strouh., *cephallenus* Strouh. und *epiroticus* Strouh. durch die bedeutendere Körpergröße (10,0—12,0 gegenüber 6,4—8,8 mm), im männlichen Geschlecht durch eine größere Zahl von Borsten in der distalen Außenecke und am anschließenden Hinterrande der 1. Pleopoden-Protopoditen (5 gegenüber 1—4) und von Fiederborsten an der distalen Abrundung der 1. Pleopoden-Exopoditen (12 gegenüber 4—11) und am distalen Rand der 2. Pleopoden-Exopoditen (12 gegenüber 7—11), durch das Fehlen von Submarginalborsten und Distalborsten auf der Ventralfläche der 1. Pleopoden-Exopoditen, durch eine geringere Zahl von einfachen Randborsten am Außenrande derselben Exopoditen (7 gegenüber 8—17), der Fiederborsten am Innenrande der 2. Pleopoden-Protopoditen (2 gegenüber 3—10), vor allem aber durch den andersartigen Verlauf der Linea areae auf den 4. Pleopoden-Exopoditen[22], der dadurch zustandekommt, daß die hinterste Kerbe an die Außenseite verschoben ist; und so zieht diese Linea vom Innenrande schräg nach hinten und außen und nicht zum Hinterende des Exopoditen, wie es bei den vier anderen ionischen Unterarten der Fall ist, bei denen auch noch

---

[22] Die Angabe, daß den 4. Pleopoden-Exopoditen der von mir beschriebenen 4 ionischen *A. coxalis*-Unterarten und des *A. monodi* die Area Tschetwerikoffi fehlt (1954, p. 20, 27, 33, 42) ist zu streichen.

die Linea conjungens und Linea transversalis stark verkürzt sind (*cephallenus*, Strouhal 1954, f. 9) und letztere sogar fehlt (*leucadius*, l. c., f. 14).

Schließlich unterscheidet sich *c. versluysi* von den anderen vier *c.*-Unterarten des ionischen Gebietes dadurch, daß letzteren die Linea articularis auf den 5. Pleopoden-Exopoditen (in beiden Geschlechtern) fehlt. Sie ist nur durch die zwei Kerben an den Seitenrändern, weniger deutlich am Innenrande, angedeutet; nur bei *c. corcyraeus* ist sie eine ganz kurze Strecke sichtbar.

Literatur

Arcangeli, A., 1913: Isopodi terrestri nuovi o poco noti di Italia. — Monit. zool. Ital. *24*: 183—202.

— 1926: Contributo alla conoscenza della fauna isopodologica delle terre circonstanti all'Alto Adriatico. — Atti Mus. Trieste *11*: 1—62.

— 1932: Porcellionidi nuovi o poco noti d'Italia. Correzioni ed aggiunte (Isopodi terrestri). — Boll. Laborat. Zool. Milano *4* (1) (1931/32): 5—26.

— 1936: Isopodi Terrestri. Correzioni, aggiunte, critiche. — Boll. Mus. Torino *45* (1935/36) (3, nr. 66): 259—279.

— 1942: Il genere Asellus in Italia, con speciale riguardo alla diffusione del sottogenere Proasellus. — Ibid. *49* (1941/42): 175—202.

— 1952a: Appunti sopra il genere Trachelipus B. L. (= Tracheoniscus Verh.) considerato in rapporto ad altri generi di Porcellionidi. (Crostacei Isopodi terrestri.) — Arch. Zool. Ital. *37*: 349—358.

— 1952b: Isopodi terrestri di Albania. — Boll. Ist. Mus. Torino *3* (1951/52): 6—38.

— 1952c: La fauna isopodologica terrestre della Puglia e delle isole Tremiti e la sua probabile origine in rapporto alla diffusione transadriatica di specie. — Mem. Biogeograf. Adriatica *2*: 109—171.

Birstein, J. A., 1951: Presnowodnye osliki (Asellota). — Fauna SSSR, Rakoobraznye *7* (5): 1—143. Moskwa, Leningrad. [Russisch.]

— 1964: Freshwater Isopods (Asellota). — Fauna U.S.S.R., Crustacea *7* (5): 1—148. Jerusalem. [Englische Übersetzung.]

Budde-Lund, G., 1885: Crustacea Isopoda terrestria per familias et genera et species descripta. — 1—320. Hauniae.

— 1896: Landisopoden aus Griechenland, von E. v. Oertzen gesammelt. — Arch. Naturg. *62* (I): 39—48.

Dollfus, A., 1884: Les Espèces françaises du genre Philoscia Latreille (Crustacés isopodes du groupe des Cloportides). — Bull. Soc. d'Étud. Sci. Paris *7*: 1—4.

— 1896: Land-Isopoden der Balkanregion (Bosnien, Hercegovina, Serbien und Insel Corfu) im Landesmuseum zu Sarajevo. — Wiss. Mt. Bosn. Herc. *4*: 583—586.

— 1906: Sur les Isopodes terrestres des îles Tremiti. — Feuille Natural. *27* (1906/07): 32—33.

DUDICH, E., 1925: Systematische Studien an italienischen Aselliden. — Ann. Mus. Hungar. *22*: 281—301.

DUMÉRIL, A. M. C., 1816: Armadille. — Dict. Sci. nat. *3*: 115—117.

ERBER, J., 1867: Bemerkungen zu meiner Reise nach den griechischen Inseln. — Verh. Ges. Wien *17*: Abh. 853—856.

FRANKENBERGER, Z., 1941a: Isopoda terrestria albánsko-jugoslávského pohraniči. — Rozpr. České Ak. (II) *51* (1): 1—25.

— 1941b: Isopodes terrestres de la frontière albano-yougoslave. — Bull. Ac. tchèque 1941: 1—15.

— 1964: Orthometopon planum B. L. (Isopoda-Oniscoidea), zagímavý příslušník slovenské fauny. [Orthometopon planum B. L. (Isopoda-Oniscoidea), interessanter Angehöriger der slowakischen Fauna.] — Biológia, Bratislava *19*: 792—799.

GRUNER, H.-E., 1966: V. Isopoda. — DAHL, Tierwelt Deutschl. *51* u. *53* (1965/66): I—XI, 1—380. Jena.

KOCH, C. L., 1835—1844: Deutschlands Crustaceen, Myriapoden und Arachniden, ein Beitrag zur deutschen Fauna. — *1—40*. Regensburg.

— 1847: System der Myriapoden, mit den Verzeichnissen und Berichtigungen zu Deutschlands Crustaceen, Myriapoden und Arachniden. Fasc. 1—40. Regensburg.

LEGRAND, J. J., 1954: Les Isopodes terrestres des îles du littoral atlantique. Contribution a l'étude du peuplement atlantique (II). — Bull. Soc. zool. France *78* (1953): 388—403.

MIERS, E. J., 1877: On a Collection of Crustacea, Decapoda and Isopoda, chiefly from South America, with descriptions of new Genera and Species. — P. Zool. Soc. London 1877: 653—679.

RADU, V. Gh., 1958: Genul Tracheoniscus în fauna R. P. R. — Comunic. Ac. R. P. R. (1) *8*: 53—59.

SCHMÖLZER, K., 1955a: Isopoda terrarum mediterranearum. 2. Mitteilung: Zur Verbreitung und Systematik einiger Landasseln des Mittelmeergebietes. — Zool. Anz. *154*: 30—36.

— 1955b: Landasseln aus Spanien, gesammelt von Prof. Dr. Ing. H. FRANZ. Ein Beitrag zur Kenntnis der spanischen Isopodenfauna. — Eos *31*: 311—321.

— Ordnung Isopoda (Landasseln). — Bestimmungsb. Bodenfauna Eur. *4* u. *5*: I—VI, 1—268. Berlin.

STROUHAL, H., 1927: Zur Kenntnis der Untergattung Armadillidium VERH. (Isop. terr.). — Zool. Anz. *74*: 5—34.

— 1928a: Die Landisopoden des Balkans. 1. Beitrag. — Ibid. *76*: 185—203.

— 1928b: III. Land-Isopoden aus Griechenland und den Inseln des Ägäischen Meeres. — FINZI, B., ADENSAMER, W., KÄUFEL, F., STROUHAL, H. und PRIESNER, H., Weitere Beiträge zur Kenntnis der Fauna Griechenlands und der Inseln des Aegäischen Meeres. — SB. Ak. Wien, math.-naturw. Kl. (I) *137*: 795—797.

— 1929a: Die Landisopoden des Balkans. 3. Beitrag: Südbalkan. — Z. wiss. Zool. *133*: 57—120.

Strouhal, H., 1929b: Ueber neue und bekannte Landasseln des Südbalkans im Berliner Zoologischen Museum. (Zugleich 4. Beitrag zur Landisopodenfauna des Balkans.) — SB. Ges. Fr. Berlin 1929: 37—80.

— 1936a: Isopoda terrestria, I.: Ligiidae, Trichoniscidae, Oniscidae, Porcellionidae. — Beier, M., Zoologische Forschungsreise nach den Ionischen Inseln und dem Peloponnes. XVII. Teil. — SB. Ak. Wien, math.-naturw. Kl. (I) *145*: 153—177.

— 1936b: Die von Prof. Dr. Franz Werner in Griechenland und auf den Ägäischen Inseln gesammelten Landisopoden. (8. Beitrag zur Landisopodenfauna des Balkans.) — Ibid. (I) *145*: 195—200.

— 1936c: Die Landasseln der Inseln Korfu, Levkas und Kephalonia. (7. Beitrag zur Landisopodenfauna des Balkans.) — Acta Inst. Mus. Zool. Univ. Athen. *1*: 53—111.

— 1937a: Neue Oniscoidea des Südbalkans. (9. Beitrag zur Landisopodenfauna des Balkans.) — Zool. Anz. *117*: 119—129.

— 1937b: Isopoda terrestria, II.: Armadillidiidae, Armadillidae. — Beier, M., Zoologische Forschungsreise nach den Ionischen Inseln und dem Peloponnes. XVIII. Teil. — SB. Ak. Wien, math.-naturw. Kl. (I) *146*: 45—65.

— 1937c: Süßwasser- und Landasseln Süditaliens und des Monte Gargano-Gebietes. — Zool. Anz. *119*: 65—86.

— 1937d: Isopoda terrestria Aegaei. (10. Beitrag zur Landisopodenfauna des Balkans.) — Acta Inst. Mus. Zool. Univ. Athen. *1*: 193—262.

— 1938: Oniscoidea Peloponnesi. (15. Beitrag zur Landisopodenfauna des Balkans.) — Ibid. *2*: 1—56.

— 1939a: Landasseln aus Balkanhöhlen, gesammelt von Prof. Dr. Karl Absolon. 10. Mitteilung. (Zugleich 26. Beitrag zur Isopodenfauna des Balkans.) — Stud. allg. Karstforsch., etc. Brünn (B) nr. 7: 1—37.

— 1939b: Isopoda. (14. Beitrag zur Landisopodenfauna des Balkans.) — Kühnelt, W., Zoologische Ergebnisse einer von Professor Dr. Jan Versluys geleiteten Forschungsfahrt nach Zante. — Verh. Ges. Wien *88/89* (1938/39): 173—188.

— 1940: Moserius percoi nov. gen., nov. spec., eine neue Höhlen-Höcker-assel, nebst einer Übersicht über die Haplophthalminen. (27. Beitrag zur Isopodenfauna des Balkans.) — Zool. Anz. *129*: 13—20.

— 1942: Vorläufige Mitteilung über die von M. Beier in Nordwestgriechenland gesammelten Asseln. (30. Beitrag zur Isopodenfauna des Balkans.) — Ibid. *138*: 145—162.

— 1954a: Süßwasser-Isopoden. (18. Beitrag zur Isopodenfauna des Balkans.) — Beier, M., Zoologische Studien in West-Griechenland. II. Teil. — SB. Österr. Ak., math.-naturw. Kl. (I) *163*: 11—44.

— 1954b: Isopoda terrestria, I.: Ligiidae, Trichoniscidae, Oniscidae, Porcellionidae, Squamiferidae. (22. Beitrag zur Isopodenfauna des Balkans, 1. Hälfte.) — Beier, M., Zoologische Studien in West-Griechenland. IV. Teil. — Ibid. *163*: 559—601.

— 1956: Isopoda terrestia, II.: Armadillidiidae. (22. Beitrag zur Isopodenfauna des Balkans, 2. Hälfte.) — Beier, M., Zoologische Studien in West-Griechenland. VI. Teil. — Ibid. *165*: 585—618.

312 Hans Strouhal,

Strouhal, H., 1958: Neue südostalpine Trichoniscus-Arten aus Österreich (Isopoda, Oniscoidea). — Ann. Mus. Wien *62*: 283—295.
— Eine neue Höckerassel von Korfu (Isop. terr.). (31. Beitrag zur Isopodenfauna der Balkanhalbinsel.) — Ibid. *64* (1960): 178—184.
— 1965: Ergebnisse der Zoologischen Nubien-Expedition 1962. Teil XXX. Isopoda terrestria. — Ibid. *68* (1964): 609—629.
Tua, P., 1900: Contribuzione alla conoscenza degli Isopodi terrestri italiani. — Boll. Mus. Torino *15* (374): 1—15.
Vandel, A., 1946: Isopodes terrestres récoltés par M. le professeur Remy au cours de ses voyages dans les régions balkaniques. — Ann. Sci. nat. Zool. (11) *8*: 151—194.
— 1951: Le genre ,,Porcellio" (Crustacés; Isopodes: Oniscoidea). Évolution et systématique. — Mém. Mus. Paris n. s. (A) Zool. *3* (2): 81—192.
— 1954: Le peuplement isopodique de la Corse; étude biogéographique. — Rev. franç. Ent. *21*: 72—84.
— 1955: Un nouvel exemple de répartition transadriatique (Trichoniscus Matulici Verhoeff, Isopode terrestre). — Ibid. *22*: 59—65.
— 1957: Étude d'une espèce polymorphe, Porcellio lamellatus (Uljanin) Budde-Lund, suivie de considérations sur le róle des glandes tégumentaires chez les Isopodes terrestres. — Bull. Soc. zool. France *81* (1956): 359—368.
— 1962: Isopodes terrestres. (Deuxième Partie.) — Faune France *66*: 417—931.
— 1964: Les Isopodes cavernicoles récoltés en Grèce par le Docteur H. Henrot. — Ann. Spéléol. *19* (4): 729—740.
— 1965: La faune isopodique de l'île de Chypre. — Bull. Mus. Paris (2) *36* (6, 1964): 818—830.
Verhoeff, C., 1900: Beiträge zur Kenntnis paläarktischer Myriopoden. XII. Aufsatz. Ueber Diplopoden aus Griechenland. — Zool. Jahrb. Syst. *13*: 172—203.
Verhoeff, K. W., 1901a: Über paläarktische Isopoden (3. Aufsatz). — Zool. Anz. *24*: 33—41.
— 1901b: Über paläarktische Isopoden. (4. Aufsatz.) — Ibid. *24*: 66—72, 73—79.
— 1901c: Über paläarktische Isopoden. (5. Aufsatz.) — Ibid. *24*: 135—149.
— 1901d: Über paläarktische Isopoden. (7. Aufsatz.) — Ibid. *24*: 403—408, 417—421.
— 1902: Über paläarktische Isopoden. 8. Aufsatz: Armadillidien der Balkanhalbinsel und einiger Nachbarländer, insbesondere auch Tirols und Norditaliens. Porcellio: Agabiformes. — Ibid. *25*: 241—255.
— 1907a: Über paläarktische Isopoden. 9. Aufsatz: Neuer Beitrag zur Kenntnis der Gattung Armadillidium. — Ibid. *31*: 457—505.
— 1907b: Über Isopoden. 10. Aufsatz: Zur Kenntnis der Porcellioniden (Körnerasseln). — SB. Ges. Fr. Berlin 1907: 229—281.
— 1908a: Über Isopoden. 12. Aufsatz. Neue Oniscoidea aus Mittel- und Südeuropa und zur Klärung einiger bekannter Formen. — Arch. Naturg. (I) *74* (2): 163—198.

VERHOEFF, K. W., 1908b: Über Chilopoden und Isopoden aus Tripolis und Barka, gesammelt von Dr. BRUNO KLAPTOCZ. – Zool. Jahrb. Syst. *26*: 257–284. (Is.: 276–283.)

— 1908c: Über Isopoden (14. Aufsatz). Armadillidium-Arten, mit besonderer Berücksichtigung der in Italien und Sizilien einheimischen. – Zool. Anz. *33*: 450–462, 484–492.

— 1908d: Über Isopoden: 15. Aufsatz. – Arch. Biontol. *2*: 335–387.

— 1910: Ueber Isopoden, 16. Aufsatz, Armadillidium und Porcellio an der Riviera. – Jahresh. Ver. Württemb. 1910: 115–143.

— 1917a: Zur Kenntnis der Entwickelung der Trachealsysteme und der Untergattungen von Porcellio und Tracheoniscus. (Über Isopoden, 22. Aufsatz.) – SB. Ges. Fr. Berlin 1917: 195–223.

— 1917b: Über mediterrane Oniscoideen, namentlich Porcellioniden. 23. Isopoden-Aufsatz. – Jahresh. Ver. Württemb. *73*: 144–173.

— 1918: Zur Kenntnis der Ligidien, Porcellioniden und Onisciden. 24. Isopoden-Aufsatz. – Arch. Naturg. *82* (A, 10) (1916): 108–169.

— 1923: Zur Kenntnis der Landasseln Palästinas. 30. Isopoden-Aufsatz. – Ibid. *89* (A, 5): 206–231.

— 1928: Über alpenländische und italienische Isopoden. 37. Isopoden-Aufsatz. – Zool. Jahrb. Syst. *56*: 93–172.

— 1929: Ueber Isopoden der Balkanhalbinsel, gesammelt von Herrn Dr. I. BURESCH. II. Teil. Zugleich 33. Isopoden-Aufsatz. – Mt. naturw. Inst. Sofia *2*: 129–139.

— 1930: Zur Kenntnis osteuropäischer Isopoden. 41. Isopoden-Aufsatz. – Zool. Jahrb. Syst. *59*: 1–64.

— 1931a: Über Isopoda terrestria aus Italien. 45. Isopoden-Aufsatz. – Ibid. *60*: 489–572.

— 1931b: Vergleichende geographisch-ökologische Untersuchungen über die Isopoda terrestria von Deutschland, den Alpenländern und anschließenden Mediterrangebieten. 46. Isopoden-Aufsatz. – Z. Morph. Ökol. Tiere *22*: 231–268.

— 1933: Zur Systematik, Geographie und Ökologie der Isopoda terrestria Italiens und über einige Balkan-Isopoden. 49. Isopoden-Aufsatz. – Zool. Jahrb. Syst. *65*: 1–64.

— 1936: Zur Systematik, Geographie und Ökologie der Diplopoden von Oberwallis und Insubrien. 132. Diplopoden-Aufsatz. – Ibid. *68*: 205 bis 272.

— 1938a: I. Morphologisch-geographisch-ökologischer Beitrag zur Kenntnis der Isopoda terrestria von Oberwallis und Insubrien. 53. Isopoden-Aufsatz. – Arch. Naturg. (N. F.) *7*: 317–363.

— 1938b: Zur Kenntnis der Gattung Porcellio und über Isopoda-Oniscoidea der Insel Cherso. 60. Isopoden-Aufsatz. – Ibid. *7*: 97–136.

— 1939a: Diplopoden, Chilopoden und Oniscoideen, hauptsächlich aus süditalienischen Höhlen. Gesammelt von Prof. Dr. H. J. STAMMER. – Zool. Jahrb. Syst. *72*: 203–224.

— 1939b: Die Isopoda terrestria Kärntens in ihren Beziehungen zu den Nachbarländern und in ihrer Abhängigkeit von den Vorzeiten. (67. Isopoden-Aufsatz.) – Abh. Ak. Berlin, math.-naturw. Kl. Nr. 15: 1–45.

Verhoeff, K. W., 1939 c: Land-Isopoden aus Spessart, Odenwald und Hardt.
68. Isopoden-Aufsatz. — Zool. Anz. *128*: 35—47.
— 1940: Der geographische Charakter der Land-Isopodenfauna italienischer
Mittelmeerinseln und über die Land-Isopoden der Insel Ischia. Gesammelt von Prof. Dr. P. Buchner. — Z. Morph. Ökol. Tiere *37*: 105—125.
— 1941: Über Land-Isopoden aus der Türkei. (65. Isopoden-Aufsatz.) —
Rev. Fac. Sci. Univ. Istanbul (B) *6*: 223—276.
Verhoeff, K. W. †, 1967: Isopoda terrestria der Türkei, 4. Aufsatz, und
über Anpassungen an die Volvation bei den Kuglerfamilien Armadillidiidae, Eubelidae und Armadillidae. 91. Isopoden-Aufsatz. Neubearbeitet
von H. Strouhal. — Zool. Jahrb. Syst. *93*: 465—506.
Vogl, C. v.. 1876: Beitrag zur Kenntnis der Land-Isopoden. — Verh. Ges.
Wien *25* (1875): Abh. 501—518.

Tafelerklärungen

Tafel 1

Abb. 1. *Asellus* (*Proasellus*) *coxalis corcyraeus* Strouh., rechtes 1. Pleopod
eines ♂, 80×.
Abb. 2—5. *Trichoniscus matulicii* Verh., ♂.
Abb. 2. Mero- (*me*) und Carpopodit (*ca*) des 7. Pereiopoden (Körperlänge
2,7 mm), 150×. — Abb. 3. 1. Pleopod (Körperlänge 3,0 mm, Breite 1,2 mm),
en = Endopodit, *ex* = Exopodit, 90×. — Abb. 4. 1. Pleopod bei Körperlänge
3,0 mm, Breite 1,1 mm, 90×. — Abb. 5. 1. Pleopoden bei Körperlänge 2,7 mm,
Breite 1,1 mm, 90×.
Abb. 6 u. 7. *Trichoniscus corcyraeus* Verh., ♂ (2,0 lg., 0,7 br.), 150×.
Abb. 6. 7. Pereiopod, *isch* = Ischiopodit, *me* = Meropodit, *ca* = Carpopodit, *pr* = Propodit. — Abb. 7. 1. Pleopoden, *en* = Endopodit, *ex* = Exopodit.

Tafel 2

Abb. 8—10. *Trachelipus camerani phaeacorum* Verh., ♂ (16,0 lg.).
Abb. 8. 7. Pereiopod, Vorder- bzw. Außenseite, *isch* = Ischiopodit, *me* =
Meropodit, *ca* = Carpopodit, 30×. — Abb. 9. 1. Pleopoden-Exopodit, 30×. —
Abb. 10. Ende des 1. Pleopoden-Endopoditen, 500×.

Tafel 3

Abb. 11—17. *Trachelipus camerani illyricus* Verh.
Abb. 11. Cephalothorax eines ♀ (16,0 lg., aus einer Höhle Istriens, leg. L. C.
Moser), 20×. — Abb. 12. Hinterende eines ♂ (14,5 lg., Istrien, leg. et det. K. W.
Verhoeff 1908), 20×. — Abb. 13. Linker 7. Pereiopod des gleichen ♂, *isch* =
Ischiopodit, *me* = Meropodit, *ca* = Carpopodit, 30×. — Abb. 14. 1. Pleopoden-
Exopodit des gleichen ♂, 30×. — Abb. 15. Schuppenborste vom Basipoditen des
7. Pereiopoden, 500×. — Abb. 16. Ischiopodit des rechten 7. Pereiopoden eines
halbwüchsigen ♂ (8,8 lg., Istrien, leg. et det. K. W. Verhoeff 1908), 48×. —
Abb. 17. Carpopodit des selben Beins, 48×.

Tafel 4

Abb. 18 u. 19. *Porcellio laevis* LATR. var. *vesaniae* VERH., ♂ (14,5 lg.), 35×.
Abb. 18. Trachealfeld des 1. Pleopoden-Exopoditen. — Abb. 19. Tracheal-
feld des 2. Pleopoden-Exopoditen.
Abb. 20 u. 21. *Porcellio lamellatus sphinx* f. *sphinx* VERH., ♀ (7,9 lg.), 38×
Abb. 20. Cephalothorax von oben. — Abb. 21. Cephalothorax, Seitenansicht

Tafel 5

Abb. 22. *Armadillidium werneri* STROUH., ♀ (21,0 lg.), Cephalothorax von
oben und hinten, 15×.
Abb. 23—28. *Armadillidium corcyraeum* VERH., ♂.
Abb. 23. Cephalothorax (Körperlänge 14,5 mm) von oben und hinten, 19×. —
Abb. 24. Vordere Kopfpartie des selben Cephalothorax von oben, 19×. — Abb. 25.
Cephalothorax von vorn, 19×. — Abb. 26. Ischiopodit des linken 7. Pereiopoden
eines ♂ (11,8 lg.) von der Vorder- bzw. Außenseite, 30×. — Abb. 27. 1. Pleopoden-
Exopodit des selben ♂, 30×. — Abb. 28. Ende des 1. Pleopoden-Endopoditen
des selben ♂, Dorsalseite, 400×.

Tafel 6

Abb. 29—33. *Armadillidium simile* STROUH.
Abb. 29. Cephalothorax eines ♀ (12,3 lg.) von hinten, 20×. — Abb. 30. Der
selbe Cephalothorax von oben, 20×. — Abb. 31. Hinterende des gleichen ♀, 20×. —
Abb. 32. Carpopodit des 7. Pereiopoden eines ♂ (9,2 lg.), 50×. — Abb. 33. Ende
des 1. Pleopoden-Endopoditen des gleichen ♂ von der Dorsalseite, 500×.

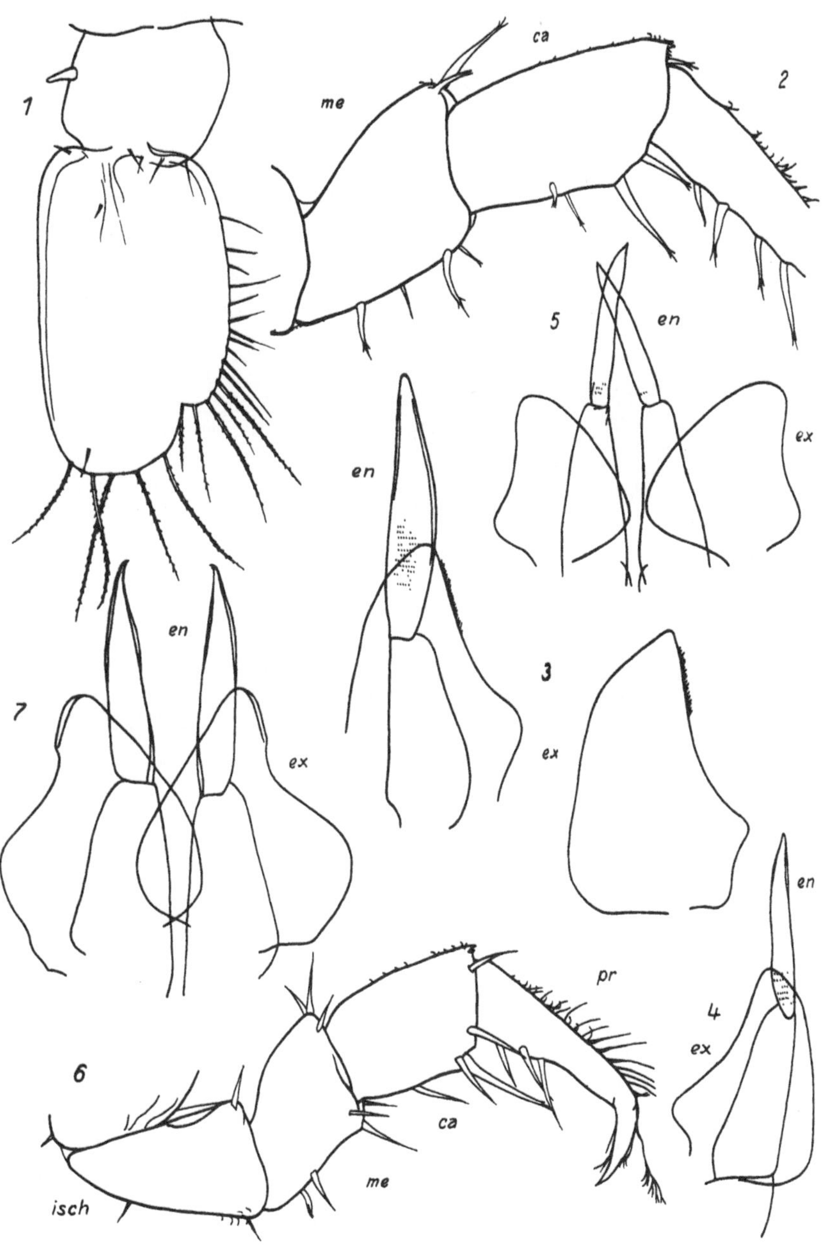
1
me
ca
2
5
en
en
ex
en
7
en
ex
3
ex
pr
4
en
ex
6
ca
me
isch

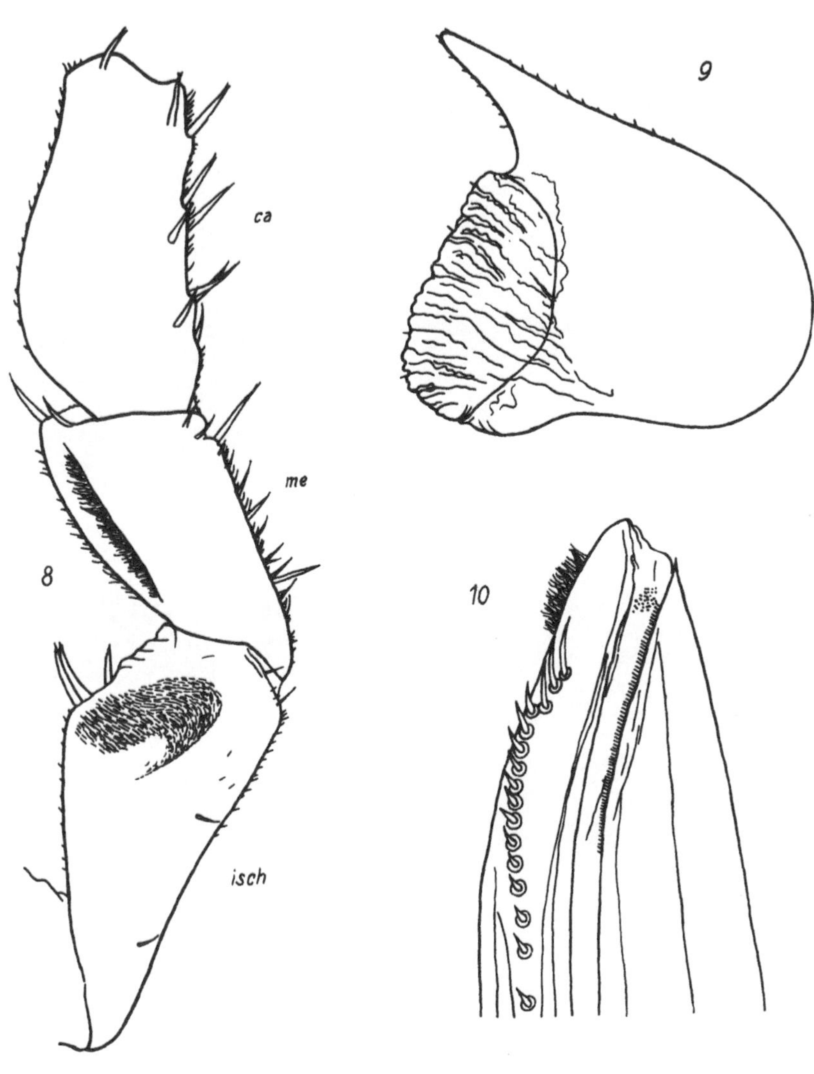
ca
me
8
isch
9
10

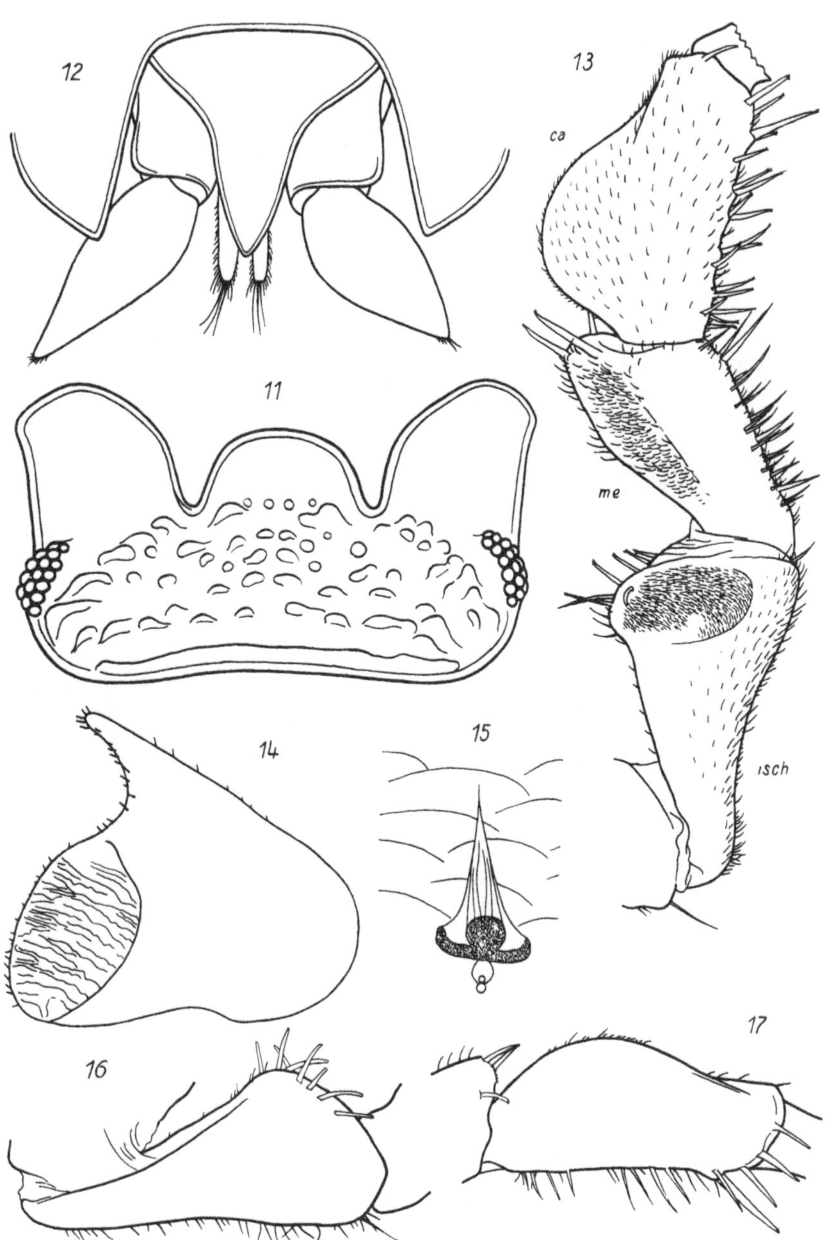
12
13
ca
11
me
14
15
isch
16
17

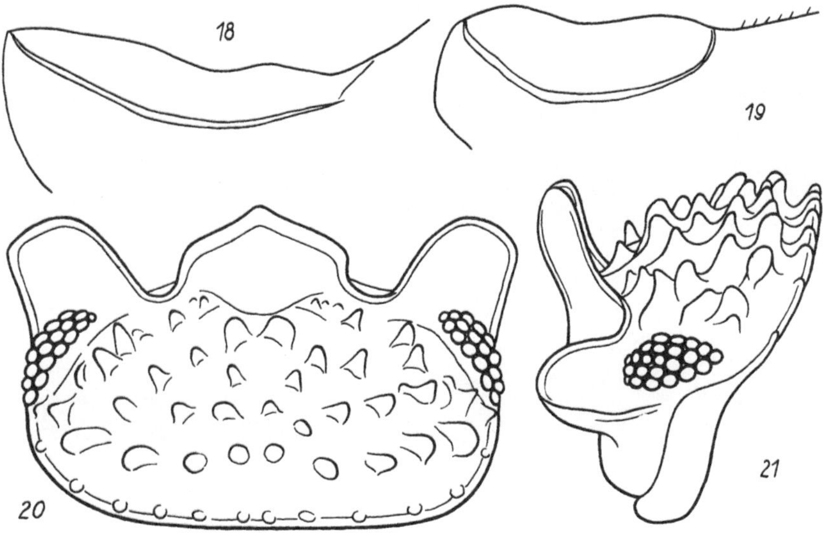

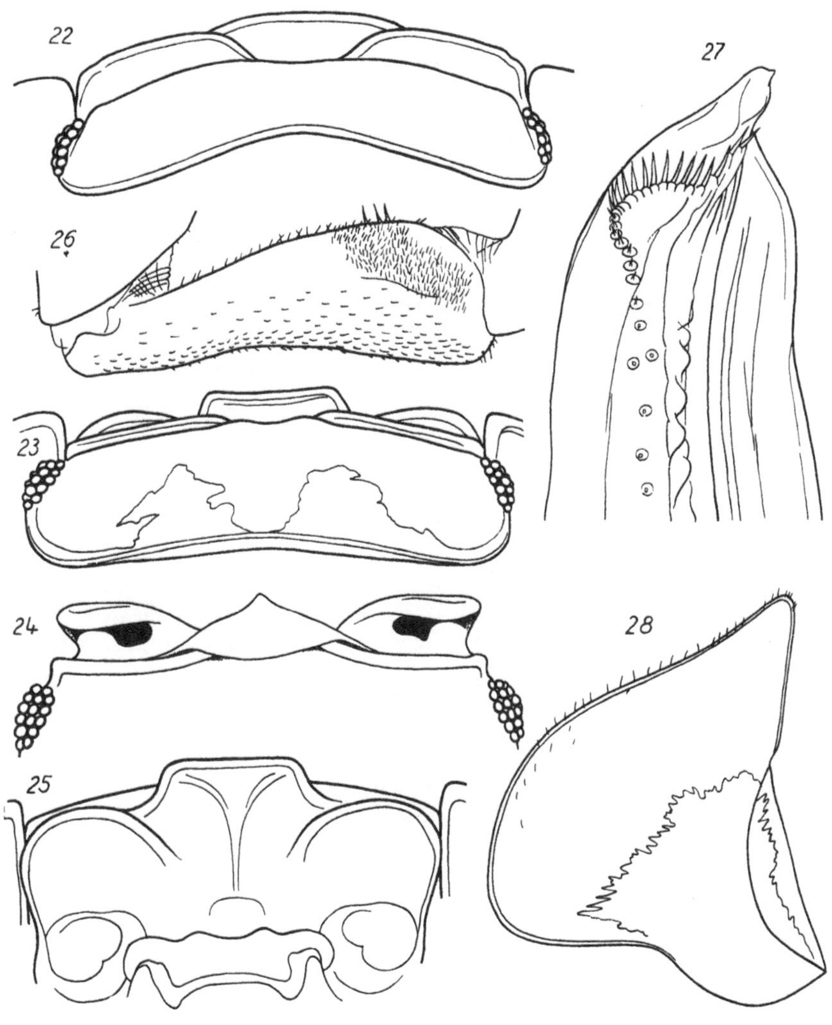

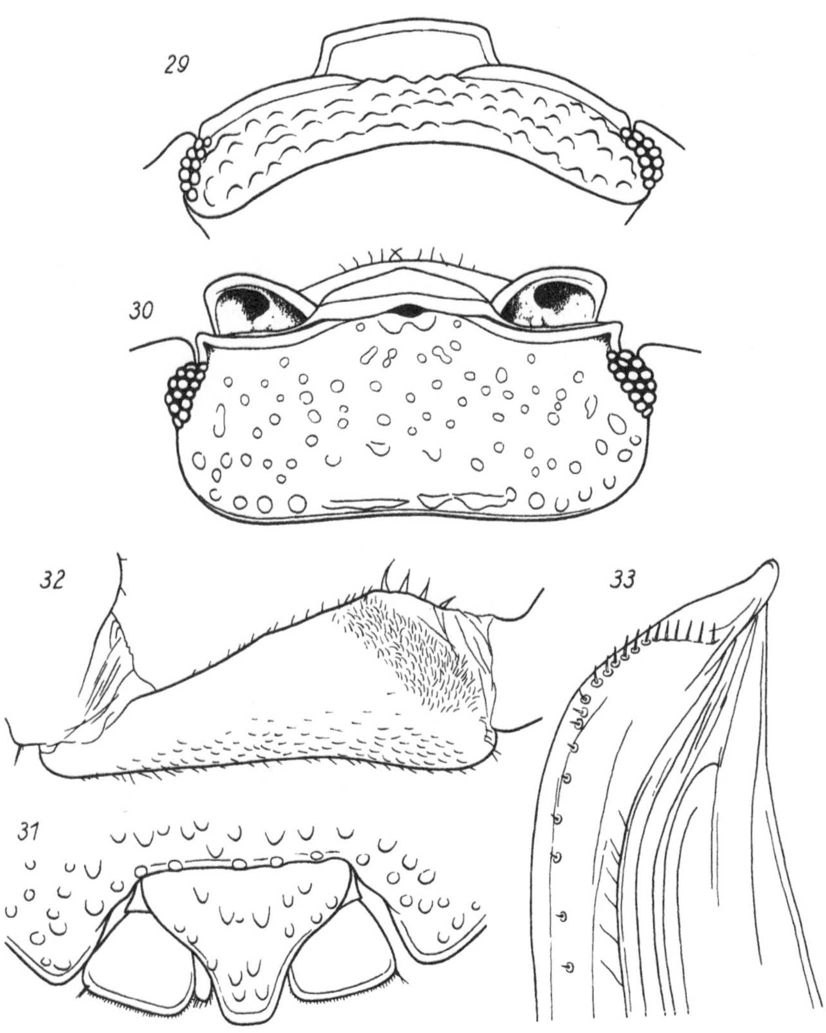

Die in den Sitzungsberichten Abtlg. I und Abtlg. II der math.-nat. Klasse der Österr. Ak. d. Wiss.
erscheinenden Abhandlungen werden auch einzeln abgegeben. Sie können durch jede Buchhandlung
oder direkt durch die Auslieferungsstelle der Österreichischen Akademie der Wissenschaften (1010 Wien,
Mölkerbastei 5) bezogen werden.

Nachfolgende Abhandlungen aus dem Fache **Botanik** (Biologie) sind erschienen:

1960 (S I Bd. 169):

Bolay Erika, Die Vitalfärbung voller Zellsäfte und ihre cytochemische Interpretation (mit einer
    Textabbildung und 5 Tafeln). S 49. —
Ehrendorfer F., Neufassung der Sektion Lepto-Galium Lange und Beschreibung neuer Arten
    und Kombinationen (zur Phylogenie der Gattung Galium, VII). S 12. —
Franz Gertrude, Die Mikroflora einiger Standorte im Leithagebirge in ihrer Abhängigkeit von
    Boden und Vegetationsdecke (mit 22 Textabbildungen). S 88. —
Pruzsinszky S., Über Trocken- und Feuchtluftresistenz des Pollens (mit 12 Abbildungen auf
    6 Tafeln). S 63.40

1961 (S I Bd. 170):

Fetzmann Elsalore, Vegetationsstudien im Tanner Moor (Mühlviertel, Oberösterreich) (mit
    2 Textabbildungen und 2 Tafeln). S 170—3, S 23. —
Pruzsinszky Siegfried und Url Walter, Ein Beitrag zur Desmidiaceenflora des Lungaues.
    S 170—1. S 9. —
Rechinger K. H., Dufler H. und Patzak A., Širjaevii fragmenta astragalogica XIII. bis XVII.
    Teil. S 170—2. S 56. —

1962 (S I Bd. 171):

Niklfeld Harald, Über die Pflanzengesellschaften der Fels- und Mauerspalten Südfrankreichs
    (mit 1 Textabbildung und 1 Falttabelle). 171—23. S 52. —
Url Walter, Permeabilitätsversuche an Stengelepidermiszellen von Gentiana germanica und
    Gentiana ciliata (mit 3 Textabbildungen). 171—16. S 40. —

1963 (S I Bd. 172):

Hübl Erich, Über das stomatäre Verhalten von Pflanzen verschiedener Standorte im Alpengebiet
    und auf Sumpfwiesen der Ebene. Smn 172—2. S 104. —
Kovarik Uta, Zur Permeabilität und Salzresistenz einiger Diatomeen des Salzlachengebietes am
    Neusiedler See (mit 3 Abbildungen). Smn 172—4. S 52. —

1964 (S I Bd. 173):

Krinzinger Jakob, Zellphysiologische Untersuchungen am Kallusgewebe einiger Laubhölzer
    (mit 16 Textabbildungen und 4 Tafeln). Smn 173—9. S 94. —
Kuttelwascher Heide, Entwicklungsanatomische und Vitalfärbe-Studien an Luftwurzeln
    einiger tropischer Orchideen (mit 6 Textabbildungen und 6 Tafeln). Smn 173—34. S 65. —

1965 (S I Bd. 174):

Kusel-Fetzmann Elsalore und Url Walter, Das Schwingrasenmoor am Goggausee und seine
    Algengesellschaften (mit 2 Textabbildungen und 5 Tafeln). Smn 174—26. S 100. —